大家
·
博物志
bowuzhi

博物学家的

自然观察笔记

（美）约翰·巴勒斯——著

刘浩兵——编译

ZHEJIANG UNIVERSITY PRESS
浙江大学出版社

图书在版编目(CIP)数据

博物学家的自然观察笔记 /（美）约翰·巴勒斯著；
刘浩兵编译. —杭州：浙江大学出版社,2018.11

ISBN 978-7-308-18179-2

Ⅰ.①博… Ⅱ.①约… ②刘… Ⅲ.①鸟类—普及读
物 Ⅳ.①Q959.7-49

中国版本图书馆 CIP 数据核字（2018）第 084761 号

博物学家的自然观察笔记
（美）约翰·巴勒斯　著
刘浩兵　编译

策划编辑	张　婷
责任编辑	黄兆宁
责任校对	杨利军　张培洁
出版发行	浙江大学出版社
	（杭州市天目山路 148 号　邮政编码 310007）
	（网址：http://www.zjupress.com）
排　　版	杭州林智广告有限公司
印　　刷	浙江新华数码印务有限公司
开　　本	880mm×1230mm　1/32
印　　张	8.625
字　　数	160 千
版 印 次	2018 年 11 月第 1 版　2018 年 11 月第 1 次印刷
书　　号	ISBN 978-7-308-18179-2
定　　价	45.00 元

序言
PREFACE

对科学真知的探求，是人类社会永恒不变的主题。人类社会的进步发展也得益于科学的福祉。自 17 世纪中叶以来，东西方文明日渐分野，西方文明迅速走到了近代世界的前列。其中，自然科学在启迪新知、推动社会进步诸方面起到了举足轻重的作用，其中所蕴含的科学精神恰是人们的内在追求，这深深影响了一大批文学家。

在十八九世纪的文学家中，就有相当一批人集中描绘自然，尤其是主要以动植物为对象，表现出了自然与文学的完美结合，展现出别样的美感。但是，这批作品大多以手稿的形式出现，或散见在各种专著的附录之中，只有在整理作家全集的时候，读者们才能有幸一阅。除了《森林报》《发现之旅》等少数几部作品作为儿童文学广为流传之外，很多作品的影响力与作者的知名度完全无法匹配,因此,就有了将这批优秀作品重新整理翻译的必要。

为此,我们启动了以"博物志"为名的系列图书,遴选的标准是文学美感和博物科普性质兼具的作品,且多为遗珠之作。首批有梭罗的《自然的力量:有翅膀的种子》、巴勒斯的《博物学家的自然观察笔记》和科特莱的《植物的生命之书:写给花的情诗》。对于梭罗,大家都熟知其著名的自然主义文学作品《瓦尔登湖》,但鲜为人知的是他生前曾留下海量手稿,其内容之丰富,令人叹为观止。这些手稿集中展现出他对大自然的向往。梳理文稿内容,我们发现了从自然农耕到野生森林,梭罗所描绘的动植物更具博物气息。巴勒斯,被誉为"自然文学之父",他曾经从事多种职业,包括农民、教师、专栏作家。但是他自始至终没有放弃对自然的执爱,从而成为那个时代最受欢迎的作家。科特莱作为法国著名的女作家、记者、演员和戏剧评论家,著作颇丰。瑞士出版商梅尔莫提议,定期送一束花给科莱特。科莱特便以花为主题,写出了涓涓文字。读罢这些文字,我们仿佛徜徉于花海,并沉浸其中,由此感受到一段美妙的时光。

时至今日,人们对自然科学的探求一如既往,对美的追求也与日俱增。于是,我们将这批名家作品重新编排,并配以同时代的彩色插图,让其在文学性上和艺术欣赏性上都有所提高,让读者在获得知识的同时,又能获得美的享受。

百鸟春归，001

在铁杉林中，045

阿迪朗达克山脉，093

鸟　巢，119

春季在首都观鸟，159

漫游桦树林，195

蓝　鸲'229

大自然的邀请'243

博物学家的自然观察笔记

CONTENTS

Fire Crowned
& Common Gold Crest

Chapter 1

百鸟春归

每年的 3 月中旬到 6 月中旬,是北方气候区春季持续的时间。在这个美好的时节,万物复苏,春潮汹涌,幼苗和嫩枝开始生发,它们绿意盎然,充满生机。一直到 6 月,准确来说是到夏至来临,幼苗和嫩枝开始变硬,它们开始生长成树了,就连地上的小草也失去了春天时的鲜嫩和水灵。

而与之相伴的另一个讯息,就是鸟儿快要归来了。随着 3 月的到来,一两种比较耐寒或已经半本土化的鸟类开始归来,歌雀以及蓝鸲是其中的代表,而其他一些颜色更加明艳、比较稀有的鸟类则要等到 6 月才会回到我们这里。

于我而言,这些鸟儿与这一季节的那些鲜花之间有着奇妙的关系，每一种花开都预示着一种鸟类的回归。当我看到蒲公英的时候，我就知道燕子该回来了；而当我看到紫罗兰的时候，我就知道我即将在森林里看到棕林鸫了。

当延龄草花开的时候，我除了知道知更鸟要醒来了，更为重要的是我知道春天真的来了。延龄草花的盛开预示着整个大自然、整个大地的苏醒，春天来了。

鸟儿们的来来往往总是会给我们带来一种神秘和惊奇的感觉。我们清晨来到树林时，这里还是一片寂静，丝毫看不到他们的踪迹，但是过一会儿当我们再次来到这里的时候，已经是另一番景象，每一棵树上都回荡着鸟儿们清脆悦耳的叫声，好一番热闹的景象。等到你离开一会儿再来的时候，森林就又恢复了平静，就好像这些小家伙从来也没有来过一样。

你看这只小冬鹪鹩，他敏捷地从篱笆上嗖地一下飞起，时而急速俯冲下来钻到垃圾下面，时而还会迅捷地飞到几码①之外。谁能够想到，这个小家伙是如何飞越千山万水，靠着自己的一双弧形翅膀每年准时地到达这里的呢？我清晰地记得在去年②8月的时候，我在阿迪朗达克山脉的荒原之中还曾见到过他，那里可是个极其偏远的地方，当时他就像现在这样急切而好奇。让

① 英制长度单位，1 码＝3 英尺＝0.9144 米。
② 按作者写作时间为 1863 年，这里指 1862 年，下同。

人惊叹的是,在几个星期后的波多马克河畔,我与这个小家伙再次相遇了。我常常在想,这个小家伙这一路飞来是经历了怎样的磨砺啊?他这一路上会是轻轻松松就飞越那一片片丛林来到这里的吗?抑或是他凭借着自己这弱小的身体靠着常人难以想象的毅力和勇气,在战胜了一路上的重重艰难险阻后,才最终到达了这里?

再看远处的那只蓝鸲,他的胸脯贴着大地的颜色,而背部则挂着天空的色彩。不知道是在 3 月间的哪一个早晨,他出现在我们的视野中,向我们报告着春天到来的信息。在这个百鸟归来的季节,这只身着蓝色大衣的小家伙的出现让我们倍感新奇,不知道他们之间的窃窃私语是在说着些什么。开始,人们只会觉得这种鸟只代表着天空中的一种独特的声音:在生机盎然的 3 月的一个清晨里,他会在那里鸣啾与歌唱,但你一定不会猜出声音的来源,甚至连声音的方向都不得而知;他就如同晴朗的天空一般,没有云彩相伴却仍可悄无声息地丢下一滴雨水;你昂首挺胸,盼望着,聆听着,可什么都没有。天气变幻莫测,或者会有寒冷突然袭来,遭遇一场雪,由此,还要再熬过一个星期,这时候,他的鸣唱才会再次响起吧!或许偶然间我就可以看见他呢,他会在篱桩上栖息,愉悦地拍打着翅膀,呼叫着他的爱人。他的鸣叫声现在越发频繁了。鸟儿的数量也日益增加了,他们是如此的勤快,从这儿不知疲倦地飞到那儿,从他们的鸣啾与歌唱声中可以听得出欢快与自信。不仅如此,就连他们的胆子也变得越来越大了,他们的神情是如此的好奇与大胆,他们会带着这种表情盘旋在谷仓及附近其他建筑物周围,他们在这里寻找着栖身的地方,窥视着鸽舍与马厩的窗户,探寻着节孔与空心树木。偶尔还会看到他们似乎在为争夺泥巴物与知更鸟和鹟鹩开战,与燕子争吵。但当下一个季节来临时,他们就会漂泊到偏僻的处所。他们会很识趣地放弃原来的侵占计划,悄无声息地离开,去寻找偏僻与残株遍布的原野,住在一个陈旧的房子里。

蓝鸲来这里没多长时间,知更鸟就来了,极少的时候是在 3 月,但在大部分的北方各州,知更鸟到来的真正月份是在 4 月。他们成群结队,越过原野,穿过树林。草原上、山坡上、牧场上都可以听到他们的鸣啭。当你在林间散步时,可以听到干枯的树叶沙沙作响,那是他们的翅膀拍打树叶的声音,空中还伴随着他们愉悦的歌声。他们跑着,跳着,叫着,时而在空中相互嬉戏,时而向下俯冲,速度极快。他们是那样的开心与快乐,不顾危险地在树林里穿梭着。

许多地方的知更鸟在新英格兰有帮助园丁狩猎昆虫的习惯,而在纽约州也不例外,他们的这种习惯看上去是自由迷人的,他们在玩耍的过程中丝毫不会影响到工作,他们也是人类很要好的朋友。只要是在万里晴空的时候，他们就会出现在你的眼前，唱着悦耳的歌。黄昏时，他们会站在高高的枫叶顶部。我们仰面向上，可以看到他们的神情是如此的放纵。他们在那里唱出的曲子纯朴而欢快。在这个季节人们还会感受到冬日的寒意，树林沉寂而又荒凉，又湿又冷，但这并没有影响到他们的栖息和歌唱。在这一年里，知更鸟成为无法逾越的"歌王"，声音甜美到了极致。他的歌声与这里的景色和时节是完全匹配的，曲子纯真而又圆润柔和。我们对这种美妙的声音是多么期待啊！我们迷恋他的歌声。冬天的沉寂就是被他的第一声鸣啭唤醒的，冬天过去了。

在鸟类中，知更鸟最为土生土长，也最为大众化。虽然这里还有来自异国的、珍贵而稀有的候鸟，还有玫胸蜡嘴雀与果园金莺，但与我们最为友好的还是知更鸟。知更鸟强壮而不畏严寒，温顺而和睦，但总喜欢喧闹嬉戏。他的习性颇有本土风范，翅膀强壮有力，非常勇敢和优秀，被称为画眉鸟家族的领头者。他的到来受到了我们热烈的欢迎。

我真真切切地希望知更鸟可以改变他那老土而又平庸的筑巢方式。虽然他拥有高超的筑巢技艺，拥有与艺术家一样的品位，但劣质的筑巢材料和其泥瓦匠般的活实在令人担忧。与另一边蜂鸟的筑巢相比较，我觉得知更鸟在这方面是欠缺的。蜂鸟筑的巢真是天造地设般恰当,他的杰作与自身条件完全相符:它的主体由白色的、毛茸茸的材料构成。这种材料可能是他寻找到的某种植物的绒毛,也有可能是某种虫类身上的毛状物,看上去是那么的柔和,与长在青苔上的树枝相匹配。小巢用丝线编制在一起,那种丝线细若游丝。我们猜测到了知更鸟的小巢犹如食蜂鹟的小巢那样美观而整洁,是因为我们知道他拥有鲜艳的外表与动听的歌喉。食蜂鹟的鸣叫与知更鸟完全相反,他唱起歌来的声音就像锅壶正在碰撞一样。虽然知更鸟的神情与歌喉远胜于果园金莺与巴尔的摩金黄鹂鸟,但是筑的巢却不如他们的神奇,就像乡下的小屋与罗马的别墅,相差甚远,虽然他那悬挂着的鸟巢给人一种典雅与诗意的感觉。在一座空中城堡旁边的一棵大树细长的枝干上悬挂着一个寓所,不停地随风摇摆。毫无疑问,知更鸟会随时担心自己从小巢里掉下去,他的巢也容易被那些淘气的男孩轻而易举地拿到。归根究底,就是因为知更鸟有大众性癖性:他从不在众人面前显示自己的高贵,而是自然而然地融入人民当中,所以,在他的筑巢手艺中,我们期盼的是稳定,而并非高雅。

在 4 月归来的鸟还有捕蝇者先驱——菲比霸鹟。她有时会比知更鸟归来得快些,有时也会慢些,我对她记忆深刻。通常情况下,我都是在内地农耕区发现她的,还是在复活节前后的一个阳光明媚的清晨。有时在谷仓上,有时在干草棚上,她们妖娆地摆弄着自己,这足以证明,她们来了。你或许仅仅能听到蓝鸲歌声中充满了哀怨与思乡之情,有时也可以听到歌雀歌声中的缠绵之感。在听到菲比霸鹟充满快乐和自信的歌声之后,人们的心情会豁然开朗。她的嗓音是那么的清脆悦耳,惹人喜爱。听到她的歌唱就意味着她真的来到了我们的身边。在停止歌唱的那段闲暇时光,她会在空中展开双翅,以圆形或椭圆形的轨迹飞翔觅食,寻找她喜欢的昆虫。但在我看来,她飞翔做出的优美动作也许是在弥补她在乐曲表演方面存在的缺陷。如果铿锵有力的歌喉也可以从朴素的着装上展现,那么菲比霸鹟在音乐方面堪称王者,因为她的那套灰白色的着装就达到了朴实的最高境界。当然了,她的外形看上去是那么的普通,"完美体形"与她毫无关系。然而,她顺应时令,在适当的时节赶回来了,她谦逊有礼、和蔼可亲的举止让人忘记了她不完美的歌声与羽毛,不会让人对她产生反感。菲比霸鹟只在这里逗留几个星期,之后,人们偶然会看到她从某一座桥或某一悬崖下的苔藓覆盖的巢里突然蹿出来,其余时间则很少会看见她。

金翼啄木鸟也是一种在 4 月归来的鸟,金翼啄木鸟又被称为弯嘴小啄木鸟、高洞鸟、哑噗鸟。他在春季与秋季和红胸知更鸟相识,然而,他比这种鸟要晚到一些。金翼啄木鸟是我的老朋友了，儿时我就认识了他，所以，每当我听到他的歌声就会有无限的感慨。他一到来就会有悠长的、洪亮的鸣唱回荡在周围，回荡在某棵树干的枝头上，回荡在篱桩上——他那旋律优美、悦耳动听的歌唱让4月充满了生机。这让我想到了所罗门国王在描述春天的良辰美景时，结尾时写道："斑鸠的歌唱在大地上回荡。"鉴于这片农耕区的春景，也可以用相似的语句来结尾："金翼啄木鸟的鸣唱在林间回荡。"

金翼啄木鸟的鸣叫高亢、有力而又雄浑。他是如此淡然，不期待回应，就是因为他喜欢，也可以说是为了音乐而音乐，朴实无华。他希望世界和平，人与人之间能够友好相处，因此他要向天下做出这样的宣告。经过仔细观察之后，我发现大部分被称为歌鸟的鸟儿，不是都在春天发出某种音符，或者带有一丁点可以被称作歌声的声音或啼鸣，他们解释美与艺术的目的不是很完美。就像"鸢尾花在闪光的鸽子边也会开得非常艳丽"，因此，那个小家伙的英俊的表哥金翼啄木鸟才会被他的幻想曲感染到，于是，那全然一新的精神风貌也吸引了那"沉寂的歌手"，他们不再让自己沉默下去，而是缓缓地吟唱起了悦耳动听的传说的前奏。你可以听到蓝鸲含情脉脉地用颤音唱着甜美的歌，灰冠山雀用口哨吹出清脆而动听的曲调，草地鹨鸣唱着洪亮而悠长的歌，五子雀带有鼻音的柔和笛声，山鸡的鼓声，鹌鹑的口哨声,燕子叽叽喳喳地在那里喋喋不休,等等。这时候,母鸡也受到这种活跃气氛的感染,也唱起了歌,歌声听起来亲切而满足,而且我相信猫头鹰也可以将夜晚充满音乐愿望的气氛带动起来。所有的鸟用歌声迎接春天的到来,也用歌声将春天完美谢幕,甚至连公鸡的打鸣声都可以作为有力的证据来说明这一点。尽管枫树开花不如木兰那么明显,但它确实开花了。

对于小雀,人们都非常熟悉了,但很少有作者来赞美他。有一只灰雀唱着悠扬的歌,不论是谁看到栖在路边的他,听到他以虔诚的态度一遍又一遍地唱着圆润而又动听的圣歌,都会意识到自己确实是忽略了这个小家伙。有谁听到过雪鹀放声歌唱呢?我曾在2月份的时候听到过,他在这个时候纵情放歌,多么悦耳的颤音啊!

连褐头牛鹂也不甘示弱,受到音乐的熏陶,急于在这个时候展现自己的才能。他栖于树枝的顶端,身旁都会有两个身穿藏青色服装的、带着矜持的女伴——因为他主张的是一夫多妻制,所以在平时也是妻妾相伴。通常情况下,我们都会在清晨的时候听到他接连不断地演奏着他的音符。他似乎在这方面费尽心思,从音符中可以听出他的心声,通过嘴流露出来。这种音律奇特而又微妙,久久回荡在人们的耳边,如同水从玻璃瓶里倒出来似的,听起来是那么的愉悦舒畅。

普通的啄木鸟在这个时候也会过来凑热闹,他也受到了春天的感染,皱领松鸡也是这样,他会利用最古老的方式来展现它对音乐的鉴赏力。在3月里一个宁静的清晨,空气中仍然流动着冬日里的寒气与肃杀,听!一阵阵悠长、洪亮的敲击声从干枯的树干体发出,有的时候也会从残枝中响起,顿时就能活跃这个季节的气氛。这是绒啄木鸟用鼓声提醒着春天来了。这个春天沉寂而僵硬,我带着激动的心情附耳倾听。令我喜悦的是,他总是会在这个季节将美妙声传入我的耳朵,这种声音让我记忆犹新,我保证,我绝对没有对他的声音添加任何无中生有的修饰词语,这是一场具有真实意义的演出。

果然不出所料,这只金翼啄木鸟也跟着潮流,大胆地加入了春天的大合唱。4月,是显示他吟唱威风的最佳时机,也是表现他音乐才能的恰当时机。

在我的记忆深处,有一棵历史悠久的枫树屹立在一片大糖枫林旁,如同一位岗哨站在那里,许多个春夏秋冬,用它那已经被腐蚀一空的树心保护着一窝金翼啄木鸟。他们会在筑巢前的一两个星期里的任何一个阳光明媚的早晨,三四个成群结队地站在老枫树腐朽的树杈上嬉戏打闹、谈情说爱。偶尔还可以听到他们在窃窃私语,那一定是他们在互诉衷肠,或者讲着对彼此的情谊。相互交谈完了之后,他们会栖于光秃秃的树枝上,清一清自己的喉咙,开始一阵阵悠长的高声鸣叫 之后又开始了奔放欢快的笑声,其中还夹杂着不同的高呼声、尖叫声与狂叫声,似乎刚刚经历了一场意外,由此激起了他们的快乐与欢笑。他们这场社交性的欢闹可能是为了庆祝他们找到了自己心仪的对象,或者是为了欢庆他们成功的交配,或者是为了春季返回到这里时有了稳定的居所而高兴,这里,我不做出自己的猜想,因为我想要将这个问题留给你们来判断。

金翼啄木鸟比较特殊,他与多数同类不同,喜欢田野与林边的热闹景象,对于树林深处的偏僻之地,他会避而远之,所以,他与同族的习惯也恰恰相反,他以地上的蚂蚁与蟋蟀为食,大部分的食物都是在大地上寻觅到的。他非常不满意自己是一只啄木鸟这样的身份,于是,他急切地想要进入知更鸟与雀科鸣禽的社交圈。这个时候,他会毫不犹豫地放弃树木,选择草地作为栖息场所,将吃的食物也转变为谷物与浆果。也许达尔文会对他的这一变化所产生的结果产生研究的兴趣:他热衷迷情于大地,他拥有行走的技能,这些是否会让他的腿变长?他转变为以谷物和浆果为食,是否会让他的色泽变弱,嗓音柔和?与知更鸟长时间地相处是否会感染到他,让他也拥有一副悦耳的歌喉呢?

其实,在这两三百年的历史进程中,鸟类是极其有趣的。我们都知道,人类与他们友好地相处,对他们的影响深远,他们存在于人类的社会中,而且在不断地繁衍后代。有一种说法:人们还没有在加州定居的时候,这里的鸟类还不会叫呢,所以在这里我产生了一个疑问,那就是印第安人听到的棕林鸫的声音和我们听到的棕林鸫的声音是否相同呢?在北方还没有草地、南方还没有稻田的时候,食米鸟究竟在哪里玩耍嬉戏呢?他现在体态轻盈、生性乐观,是一个人们公认的美男子,之前是否也是这样的呢?还有一些鸟类,如云雀、麻雀与金翅雀,他们天生就喜欢辽阔的原野,而不愿意在树林里玩耍嬉戏——我们难以想象他们竟能够栖息于广袤的荒野,待在那没有人烟的地方。

返回到正题上来,歌雀人见人爱,每年春节来临时,他们总是会第一批归来——4月之前就已经归来了。他们歌唱的曲调简单朴素,人们听了都会表示赞美。

燕子、黄鹂,还有其他很多的贵宾会在5月到来,事实上,90%的鸟类截止到5月的最后一个星期都会到来,其中最突出的就是燕子与黄鹂。黄鹂的羽毛艳丽耀眼,这位来宾像是来自热带地区。他们穿梭在花儿盛开的树与树之间,会忽然从我的眼前掠过。整个上午,我的耳中都回荡着他们悠扬的歌声,还有雄性黄鹂向雌性黄鹂求爱的叫声。林中刚刚有嫩芽冒出,皱领松鸡在里面敲着鼓点;燕子叽叽喳喳,有时会向谷仓的方向奔去,有时会吱吱叫着在屋檐下筑巢;草地上也响起了草地鹨柔和而又悠扬的曲调。夜幕降临,所有的沼泽与池塘都传出了数不清的蛙鸣声。5月被称作过渡期,它联系着4月和6月,联系着根与花。

进入6月,一切都变得让人如意,一切都是那么的美满,我也非常满意,不会再有更多的要求。这个月份是一年中最美好的时间,一切都是那么美好,鸟儿的歌声那么完美,他们的羽毛也那么完美。杰出的艺术家们都会聚集在此,知更鸟和歌雀众望所归。所有的鹟科鸣禽都到来了。我采摘了好多粉红色的杜鹃花,用双手捧着它们,在离我最近的一块岩石上休憩,悠闲地听着这些歌唱声。我认为,杜鹃到了6月份才到来,一般情况下,极乐鸟、金翅雀、猩红丽唐纳雀也会在6月的较晚一些时候到来。食米鸟在草地上炫耀着他的荣耀,原野春雀在高原牧场上唱着显示他轻快而活泼的黄昏颂歌,各类鹟科鸣禽在树林里演奏着乐章。

树林里有许多喜欢离群索居的鸟类,杜鹃最为突出。除此之外,他也出奇地安静与温顺,似乎在他的生活里不受快乐、悲伤、愤怒与恐惧的影响。他看起来心事重重,被遥远的往事所困扰,无法自拔。他的曲调含着迷离,鸣叫声带着恍惚,农夫会将他的声音作为雨水即将来临的警示钟。这里,到处充满了甜蜜、欢乐、自信满满的的歌声,我被这种非凡深邃的鸣叫声吸引住了。我听到了 0.25 英里①之外的树林深处传过来了某种特别超然脱俗的曲调。英国的一位诗人华兹华斯表达了他对欧洲杜鹃鸟的喜爱之情,当然了,这首诗也适用于我们的杜鹃鸟——

快乐无烦恼的新来者啊!

我已经听到了,我听到了你的欢乐:

啊! 杜鹃鸟! 我可以这样称呼你吗?

或者是称呼你为漂移的声音?

如果我躺在草地上,

你嘹亮的音符

会穿过一座座山

有时远有时近

久久回荡于我耳际!

热烈地欢迎你,春天的宠儿!

然而,我却认为你

不是鸟,是来无影、去无踪的生命,

是声音,是一个谜。

---

① 英制长度单位,1 英里＝1.609344 千米。

在我们这里,唯一可以见到的杜鹃种类是黑嘴杜鹃,黄嘴杜鹃则喜欢栖息于再往南的地方。虽然分布不同,但他们的曲调与鸣叫则没有什么分别:黑嘴杜鹃的鸣叫声与火鸡基本相似,黄嘴杜鹃鸟则会发出咕——咕,咕——咕,咕——咕的鸣叫声。

这一种类的黄嘴杜鹃喜欢栖息在一棵树上,一接触树枝,第一反应就是开始搜索,他不会放过树枝上任何一个虫子,会将这些虫子都消灭掉。当他在一根树枝上停留时,会不停地转动他的头部,察看每个看得到的树叶的动向。一旦发现了自己想要搜索的猎物时,就会毫不犹豫地展翅扑向它。

6月,旅行家黑嘴杜鹃会出现在菜园和果园里,他在这里寻觅着害虫尺蠖,以此来慰劳自己。这个时候,他是多么的温顺啊!他允许你与他保持几码远的距离。有一次,我走到离他只有几英尺①的地方,他都没有害怕、没有猜疑,对我是那么的放心。他是如此的淡定、坦然而又质朴。

杜鹃鸟的羽毛颜色为褐色,但却富有光泽,看上去非常美丽。他的羽毛散发出的光彩胜过于任何一种中性颜色的羽毛。众所周知,他的羽毛也非常坚硬,纯度也很高。

尽管他有独特的体形与色泽,但黑嘴杜鹃这一物种所具有

---

① 英制长度单位,1英尺＝0.3048米。

COCCYZUS ERYTHROPTHALMUS

—— 黑嘴杜鹃 ——

树林里有许多喜欢离群索居的鸟类，杜鹃最为突出。除此之外，他也出奇地安静与温顺，似乎在他的生活里不受快乐、悲伤、愤怒与恐惧的影响。他看起来心事重重，被遥远的往事所困扰，无法自拔。

COCCYZUS ERYTHROPTHALMUS

的某些特性，不得不让我们想起旅鸽——他的头形，还有带着红圈的眼睛，他降落与起飞时的一举一动，看到这些，人们就会想到他们的相似之处，但黑嘴杜鹃在空中翱翔时的优雅风度与速度较为突出。他的尾巴较长，就像赤鹬似的，看上去是那么的不协调。他会悄无声息地飞行在树林里，而知更鸟与鸽子在树林里飞行时会发出噼里啪啦的响声，他们之间的反差实在是太大了。

不知你是否听过原野春雀的歌喉？如果你住在拥有辽阔高地牧场的田园乡村，相信你一定会听到他的歌声。我敢确定，威尔逊（亚历山大·威尔逊，美国鸟类专家）之所以会称他为草雀，就是没有领教过他的歌喉本领。这是他的特点之一，还有一个特点就是他的两根白色大翎毛生长在尾部侧面，当你穿过这里的田野时，看！他总是会在你前方几码远的地方跑跳躲闪，似乎也是一种挑衅。如果你想要找到他，千万不要去有果园或有草地的地方，告诉你，他喜欢轻轻吹着微风的高地牧场。

太阳告别了一天的疲惫将要去休息了，这时其他的鸟类也都停止了啾啾的鸣叫，而他的歌声依然那么的欢快，引起了人们的注意。也是这个原因吧，他也被称为黄昏雀。黄昏的时候，农夫会赶着牧群回家，总会经过原野，这时他们总会听到原野春雀优美的歌声。原野春雀的歌喉没有歌雀的清脆，也没有歌雀那样变化莫测。他的歌声甜蜜而哀婉,轻柔而奔放。林雀带有颤音的歌声听起来很甜美,如果在此基础上再添加歌雀曲调中的精华,那就可以从中领略到黄昏雀朴实无华的夜曲了。多么有才华的牧地诗人啊!暮色降临,高地上辽阔平坦,牛羊成群结队,走在上面,你可以找一块温暖而又干净的石头坐下来,享受着乐曲。乐曲是从牧群吃的矮草丛中传出来的,缓缓飘向远方,回荡在四方。开始发出三两个宁静、悠长而清脆的音符,之后又出现颤音,逐渐减弱直至收尾,形成了每一首歌。通常你只能听到其中的一两个音节,微弱的部分是听不到的,因为它们已经随风飘扬至远方了。这悦耳的乐曲淡泊、宁静而又无意识。这种声音在大自然中显得那么独特,黄昏时分,和煦的夕阳映照下的山坡、宁静的牧群、残株、草地、犁沟、岩石,所有的一切都被委婉地表达在了这优美的乐曲中。这是他们经过毕生努力而拥有的本领。

黄昏雀的雌鸟找到了开阔的地方,想要在这里筑巢。这里没有大蓟、林丛或者草丛,所以她没有隐蔽自己的地方,她也没有注明筑巢的地方就是她的巢址。你走在这里,可能会因为不小心而踩到它,走在这里的牲畜也随时可能将它踏平。但我猜测鸟儿们更担忧的是来自其他方面的危险,对于这方面造成危险的担忧要小一点。臭鼬和狐狸拥有好奇心,但这种好奇心却十分鲁莽,他们很坏,会带着好奇心搜遍为鼠和鸟遮风挡雨的河岸、树篱、丛生的草或蓟。毫无疑问,皱领松鸡在这方面也是一个非常优秀的推理家。她与黄昏雀是一样的,会在开阔的地上筑巢,这里没有让她隐蔽自己的任何遮挡物。她原来待在枝繁叶茂、几乎密不透风的森林,自从来到了这开阔而又晴朗的灌木林之后,她学习到了当有四面八方的来犯之敌时,可以轻松自如地迅速应对的本领。

我所喜欢的另一种原野春雀相信你们也都听说过,他被鸟类学家称为田雀鹀,他的体形与体态非常普通,与一般的雀没有什么两样,为暗红色,斑纹只是隐约可以看到。石南丛生的原野很偏僻,他喜欢那里。在这个地方,他的歌声是最动听的。有的时候,他的歌声会很嘹亮,特别是在早春的时候。我想起了曾经在一个 4 月里阳光明媚的一天,我像往常一样来到了光秃秃的林子,一只原野春雀在我不经意间停在了不远处,唱起了歌,唱累了就停下来休息一会儿,然后接着唱,这样持续了将近一个小时。悠扬的歌声回荡在空旷而又寂静的林中,显得那么响亮悦耳。它仿佛在唱着:飞——噢、飞——噢、飞——噢、飞——呀、飞——呀、飞——呀、飞——飞——飞,它以高音开头,听起来是那么悠扬,突然间又转为低音作为结尾,听起来是那么低沉而柔和。

在这里特别要提到的是,到现在为止仍然鲜为人知的白眼绿鹃,这种鸟也被人们称为白眼翔食雀。他的歌声听起来并不突出,不是非常的柔和动听,恰恰相反,他的声音就像黄鹂或者靛彩鸦一样,尖锐而又刺耳。但在欢畅、快乐、演技、模仿能力方面,我们北方的鸟类却远远不如他。他的歌声铿锵有力,但听上去就像前面提到的,不是特别的悦耳动听。他仿佛在用"凄可——拉——凄可"想要表达着什么,却又躲在低矮茂密的灌木丛中,将自己隐藏起来。你会带着警惕去寻找他,他躲避着,像是与你玩耍一样。进入七八月份,这时候如果你与这里的神灵相处融洽了,很有可能会听到神奇的艺术演奏。在你最初的印象中,你可能会认为有三四位歌手正隐匿在那簇杜鹃花或者那丛湿地越橘树中,他们在那里展现着美丽的歌喉,目的就是为了竞争合唱中的领唱地位而互不相让。这是一首由来自原野和森林的多位歌手一起演唱的曲目,听上去却显得那么清亮与紧凑,毫不懈怠。我敢保证你现在所听到的就是具有唱歌天赋的嘲鸫那令人魂牵梦绕的歌声。假如他对于嘲鸫模仿得并不是那么的栩栩如生,至少能听出他模仿其他鸟类的歌声,如鹪鹩、知更鸟、金翼啄木鸟、金翅鸟、歌雀与灰嘲鸫。在结尾的时候他会发出"噼噗""噼噗"的声音,听上去像真的歌雀的叫声一样,我相信这时候就连歌雀本身都会信以为真。而且演奏不会中断,上曲

DUMETELLA CAROLINENSIS

灰嘲鸫

她也属于林中的鸣禽类，但她是那么的不老实，诙谐地模仿其他鸟儿的曲调，并且从她的曲子里还可以听得出嘲弄与戏谑之意，还有半讽刺的低音。她好像在刻意模仿某一个让她嫉妒的歌手，同时也在其中捣乱。

DUMETELLA CAROLINENSIS

与下曲连接紧凑，配合真可谓是天衣无缝，演奏的效果堪称华丽。在我看来，这场演奏是独一无二的。与往常一样，演奏者又特别小心地将自己隐藏起来。我听出来了，曲子里好像带着一种有意识的情调，给我的感觉就是我的在场得到了他们的认同，而我对于他们演出的关注又让他们如此赞赏。从他们的曲调当中可以听出喜悦与自豪，但其中又夹杂着诙谐与戏谑。我认为这种曲子非常罕见，只有他们相信了听的人之后，才会以这种方式来演奏。如果你想要找到他，就不要去高大的树林了，也不要前往密林深处，只需要在低矮茂密、蚊虫满满的灌木丛中去寻找就可以。

冬鹪鹩属于另一种优秀的歌唱家，一提到他，你就会不由自主地用赞美之词来形容他。他不同于白眼绿鹃，他自信满满，对自己抱有很高的期望，他对自己的演唱能力的意识没有那么强烈。当然，你听到了他的歌唱也会感到喜悦与惊讶，你所做出的表情也不会次于对白眼绿鹃歌声所做出的表情。鹪鹩以歌声的流畅与音调的丰富而闻名于世。除此之外，我们还可以从他歌声的众多特质中找到一种韵律，这种韵律节奏感很强，非常罕见，其中充满了甜美与奔放。我带着悠闲的步伐走在古老而低矮的常青树林中，前方的通道如同大教堂一般，看上去总是那么的凉爽而清新。忽然间一阵奔放、急促的曲调将这一片沉寂打破，从曲调中可以听出一种带有原生态的田园的哀伤。我感到无比惊奇，于是竖起耳朵聆听！这位娇小的吟游诗人竟那么的胆小害羞，我来了两次丛林之后才判定这确实是位歌手的歌声。夏季来临，他也属于活动在北方森林深处的鸟类中的一种，与带有斑点的加拿大威森莺和隐居鸫是一样的，只有有运气的人才可以听到他的歌声。

一个地域中植物的分布，都有明确的标志与范围，鸟类也是一样。在植物学家的面前展现一片景观，他就知道哪里有耧斗菜、水仙花、圆叶风铃草，然后指点你去找它们。而鸟类学家也有这样的能力，他可以引导你去对应的地方找到原野春雀、小绿莺、红眼雀。在同一个内陆地区、同一个纬度有两个相邻的县，就是因为地形地貌不同，那里的树种分布不同，你就会看到其中鸟类分布的区别很大。我曾经尝试着在山毛榉和糖枫生长的地方寻找我平日在栗子树、橡树与桂树茂盛的地方见到的我所熟悉的鸟类，但找不到。我从老红砂岩的一个地区行走到老火石岩的一个地区，当中路程不足 50 英里，我曾经可以看到隐居鸫、蓝背莺、棕色夜鸫（也叫威尔逊鸫）、栗胁林莺、绿背莺、黑色身体带有黄色斑点的林莺与许多其他鸟类，现在却找不到了，取而代之的是斑鸠、黄喉林莺、棕林鸫、黄胸霸鹟、红眼鸫、白眼绿鹃、橙尾鸲莺及鹌鹑。

我所在的位置附近是高地,这种分布在这里看上去较为明显。往村子南面,我总是可以找到其中的一种鸟;往村子的北面,找到的却是另一种鸟。甚至是在同一个地方,在长满了杜鹃花与湿地越橘的地方,我总可以找到黑枕威森莺。在茂密的香灌木、金缕梅与桤木林中,我碰见了食虫莺。在稍微远一点的地方长满石南和蕨类,有一两棵栗树或橡树点缀在上面的空地处。进入7月,我来到这里时可以听到原野春雀的歌声。回来时路过一个浅池水塘,里面有许多残株,我肯定可以看到灶莺。

　　在我所生活的地域中,能够受所有鸟类青睐的地方似乎只有那一个地方,而在这个地方你可以看到几乎所有的美国的鸟类。这块土地上有诸多岩石,它很早以前曾被开垦过,但很快就恢复了荒野的原貌与大自然的自由,具有明显的特征,具体显示为半荒野半开垦的状态,这一景象是鸟类和孩子们所喜欢的。它的两旁分别为村庄和公路,公路又分出许多路口,通往各处,连着一条条小路与旁道。在这些路上,你随时可以看到工人、士兵,还有逃学的孩童来来去去。因为这里现在不再受到斧头与长柄大镰刀的砍伐了,直到现在,在延伸到远处的山体与树林处,竟还可以看到一排排的月桂树、雪松和黑莓。这块土地上大部分都是栗树与雪松;在低处,大多生长着荆棘丛与石南。但这里特征较为明显的是中心地带密密麻麻生长着桤木、山茱萸、沼泽树、水山毛榉树、金缕梅和香灌木等,而且到处爬满了霜葡萄和牛尾藤。从远处沼泽地流过来的小溪,弯弯曲曲地穿过盘根错节的林地,即使它说不出这片林地的一切,也能够清晰地告诉我们林地的地貌如何,物产是否丰富。那些鸟儿们并没有被这里的石南、栗树与雪松所吸引,所以他们不会找不到这片混杂林构成的中心地带。这片荒野长期处于闲置状态,但多数较为常见的鸟儿们都会聚集在这里,其中有独居莺、大冠翔食雀、狐雀、食虫莺、蓝翅泽莺等。鸟类来到这里主要有两个原因:第一,这里并没有捕食这些鸟类的动物;第二,这里有许多的飞蝇与昆虫,鸟儿们不缺食物。在这里,鸟儿根本就不用担心鹰会攻击他们,厌恶战争的音乐家也会带着愉悦的心情飞到这里,于是,鸟儿们就把这里当成他们的游乐园,他们非常喜欢这里。

不过,在这些翔食雀、知更鸟与各类莺中,最值得骄傲的要属棕林鸫,他的数量最多,其次为灰嘲鸫与知更鸟。你可以看到棕林鸫从每一块岩石上与每一处灌木丛中与你打招呼。这种鸟首次出现是在 5 月,因为是刚刚来这里,所以会带着含蓄,显得非常羞涩,只要待上一个月就变得温顺而友好了。他们会在你头顶的树梢上唱歌,有的时候会在离你前方不远处的岩石上展现他的歌喉,你甚至还会看到有一对棕林鸫在不远处离一座大凉亭的走廊10~12 英尺的地方筑巢,繁衍下一代。我发现一个问题,就是当客人们陆陆续续到来、母鸟看到走廊上人山人海时，举止显得惴惴不安而又害怕。她无任何表情地停留在离人们数步之远的地方，时间一分一秒地过去了，她仍在那里，一动不动，一点声响也不出，似乎是下定了决心不去吸引人们的注意力。

如果我们是根据曲调的音质来辨识，那么在各科鸣禽中优秀的要属棕色夜鸫、隐居鸫与棕林鸫这三种鸟。

嘲鸫的音域最宽，这并不需要质疑。不仅如此，他还具有不同的演唱本领，他的歌唱每次都令人觉得那么新鲜，给人带来惊喜。但他的演唱多数都是以模仿为主，所以他的歌声听起来并没有隐居鸫那般宁静美丽，也没有上升至崇高的境界。所以，每次嘲鸫的歌声传入我的耳中时，开始会感到惊喜，或者难以相信，但此时此刻我却非常佩服他，因为从他单一的喉咙里可以发出不同的曲调，而且可以在瞬间从一个曲调变化至另一个曲调，多么神奇！我们在欣赏他们为我们带来的表演时总会有一种感触，就像我们正在观看运动员或体操选手出人意料的体能表演。尽管其中有很多都是模仿来的，但也没有丢失原唱者歌声中的悦耳清新。这种鸫科鸣禽歌唱中表达出的情感上升至一种非常高的境界，正因为有他们丰富多彩的演出，才能够使我们的世界受此感染而变得和谐而又美丽。

棕林鸫对如此高的赞誉是受之无愧的，对他有这样高的赞许实在是恰到好处，甚至有再高的赞誉都不为过。因为他的歌喉引来了众多的观众欣赏，所以人们对他的亲戚，同时也作为他的竞争对手的隐居鸫，不加关注也是很正常的。有两位非常著名的鸟类学者威尔逊与奥杜邦，他们用自己所知道的最优美、最恰当的词来赞美棕林鸫的歌喉，但对于隐居鸫的歌声几乎都不理睬，甚至都没有词汇来形容他。奥杜邦说隐居鸫的歌喉偶尔还算悦耳，但从他的谈话中可以听出，对于隐居鸫的歌声，他并不熟悉。令人高兴的是，我发现纳托尔的辨别能力高于奥杜邦，他给隐居鸫的评价更为公正。

隐居鸫是一种很少见的鸟类，非常稀有，而且他生性害羞，不群居。只有鸣叫的季节来临时，才可以在美国中部和东部各州看见他。他只出现在最深远偏僻的树林中，有时会在潮湿的地方活动，有时也在沼泽地一带活动。因此，阿迪朗达克地区的人们把他称作"沼泽天使"。正因为他是以隐居者的身份出现，所以人们才没有关注到他的存在。

隐居鸫的歌声类似于棕林鸫，有的时候一个听觉灵敏的观察者都难以区分他们的声音。但如果两者同时展现歌喉的话，就容易分别了：隐居鸫的歌声更具原生态，音调较高，但很轻柔。他的乐器是一只银质的号角，在非常偏远的地方响起。而棕林鸫的歌声则显得很悠闲，婉转动听，尤其是他的音色，与某种珍贵而稀有的弦乐器的音色非常接近。你可以感觉到如果棕林鸫心甘情愿地展现自己,那么他的音域就会更加宽广,歌声也会更加铿锵有力。但从整体上分析,棕林鸫的歌声中多少还是缺少隐居鸫那种安详与清纯以及如同赞美诗般的音质。

只听过棕林鸫唱歌的人,很容易称他为歌王。不可否认的是,他确实是一位皇家宫廷乐师,并且这种鸟类又分布于整个大西洋海岸,有可能他对于森林乐曲做出的贡献要大于其他任何鸟类了。这个时候,有人可能会产生不同的看法,他们会说,棕林鸫大部分的时间都花在了整理仪表上。而正因为他的这种漫不经心与不经意间的试唱,更加显露出他不轻易表现的音域与力度。

除了金丝雀,棕林鸫是我目前为止见过的独一无二的能够熟练掌控各种不同音域,而又具有音乐天赋的鸣禽。不久前的一个星期天,我散步在与树林相邻的一处果园旁,我听到了他让人毫无异议、远高于其他鸟类的歌声。尽管与我结伴而行的人对这些事的反应不是特别灵敏,但还是非常惊讶地感受到了。我们一致地停止了我们的步伐,共同聆听着这么一位在平日里少见的演员的歌唱。如果他的歌在质量方面不让人觉得稀奇,那么,在数量方面可就堪称优越了。他的歌声如潮水般汹涌澎湃,如此丰沛,不断涌来。他带着颤动的音符,显得那么悠长,让人觉得这种序曲在不断加速。他在你还没有任何准备的时候出现前奏，但你还是会疯狂迷恋，甚至连最迟钝的听众都无法自拔。不得不承认，他是一位艺术大师，没有哪种鸟类可以比得上他，我意识到了，自从那次之后，我又听到了两次他的歌声。

棕林鸫在他的家族里是最美丽的。他是最优雅、最风度翩翩的，这方面也没有哪种鸟儿可以比得上他。无论是他在飞行过程，还是移动过程中，看上去都显得那么文雅而高贵，他的自如与沉着，其他鸟儿是模仿不来的。从言行方面来看，他又是一位诗人，他的举止看上去都是音乐，就连平时经常会看到的一个举行，如抓甲虫，或者从泥土里啄出一条小虫子，都像是吐出了一句趣言妙语，给人一种舒畅之感。他是不是古代的一位王子呢？他变形的过程中，不可缺少的是王室的那种高雅的举止与雍容的风度。他的体形比例分布得那么协调，色彩朴素而又浓酽——他白色的胸显得那么纯净，心形斑点看上去那么清晰，赤褐色的背部显得那么明亮。也许，人们对知更鸟会非常反感，认为他多嘴多舌爱表现自己，嫌弃他在林子里狂呼怒叫，非常急切地飞离这里，转而又跳向那里，带着怀疑粗鲁地摆动着自己的羽翼。歌鸫，又名赤鸫，他总是一副偷偷摸摸、躲躲闪闪的样子，像个罪犯似的，藏在非常茂密的桤木林里。灰嘲鸫既是一个搔首弄姿的放荡女子，又是一个毫无顾忌但又带着好奇心的长舌妇。

而红眼雀则像个日本人似的,带着冷漠的表情观察着你的一切。再看棕林鸫,完全没有上述鸟类中的任何一种特征,他注视我的时候不带有任何疑惑,像一个贵族似的与我保持着一定的距离。如果这个时候我极其安静而又没有任何的好奇心,他就会用一种优雅的姿势跳到我面前。我可以看得出,他是带着敬意过来的,也许也想与我成为朋友吧!我曾从他的巢下经过,几英尺的地方就是他的配偶与孩子,他用犀利的眼神注视着我,但嘴却是闭合的——但当我举起胳膊做出一种想要伸向他毫无防御能力的鸟巢时,他的表情变了,带着怒气与愤懑,好看极了。

他有一种傲气,但又显得那么高贵。进入10月下旬,他的配偶与伙伴早已飞往南方的温暖之处,但连着几天我在附近的茂密之处都看到了他。他不作声响,那么轻巧地飞来飞去,神态庄严而肃穆,似乎是因为违反了社交礼节而在忏悔。有很多次我很小心地、间接地去接触他,据此我发现了他尾部的羽毛还未发育完全。也许这位森林王子坚决不肯以这种窘态飞回他的王宫,于是,他就要在落叶纷飞的秋季,发扬自己的耐心,等待恰当的机会。

就像黄昏雀的歌声在原野合唱中可以找到自己的位置,棕色夜鸫圆润而柔和、仿若笛声的嗓音,也可以在森林合唱中找到自己的位置。他与夜莺一样,在黄昏时分便开始演唱,事实上,所有的鸫科鸣禽的习性都如此。6月的一天,薄暮和煦,我走了出来，朝着树林的方向，当与他们还有 50 杆①远的距离时，一种柔美、带着余音的乐曲传入我的耳中，可以听出那是由十几种不同的歌喉组成的曲调。

由此，你就可以判断出这是最纯朴的乐曲之一——纯朴的如同一条曲线一般，它之所以能够给人以欢乐，纯粹是因为其本身和谐与美学的因素，并不是因为怪诞的变调，或者有任何的新奇——这便于与喜欢欢闹嬉戏的刺歌雀这一类鸣禽类形成鲜明的对比。对于刺歌雀，我们会为他拥有清脆完美的鸣叫和其明显表现出的知足与欢乐而感到愉悦。

到现在我也不明白我自己，对于灰嘲鸫，我的喜悦和烦恼哪个更多一点。也许是因为她极为普通吧，所以在大合唱中她的搔首弄姿显得有些夸张了。如果你的注意力正集中在另一只鸟的歌唱中，她一定会在这个时候提高自己的喉咙，拖着长音，将其他声响都覆盖住；如果你保持安静，坐下来观察一只你喜欢的鸟儿，或者研究一只刚来这里不久的鸟儿，她的好奇心就会膨胀到极致，她会以各种不同的角度来审视你，而且还要对你进行嘲弄。即使是这样，我都不会将她遗漏掉，我就是削减一下她的锐气，让她不要那么张扬。

---

① 英制长度单位，1 杆＝16.5 英尺＝5.0292 米。

她也属于林中的鸣禽类，但她是那么的不老实，诙谐地模仿其他鸟儿的曲调，并且从她的曲子里还可以听得出嘲弄与戏谑之意，还有半讽刺的低音。她好像在刻意模仿某一个让她嫉妒的歌手，同时也在其中捣乱。她是多么希望在这里展现她的歌喉啊！于是她在暗地里勤加练习，尽管付出了努力，但她看上去似乎是林中最不真诚，也是最不地道的一位。仿佛她学习音乐只是为了跟随潮流，也仿佛是为了不被知更鸟与鸫科鸣禽超越。换句话说，她唱歌只是因为外部因素的推动，与内心的喜悦程度毫无关系。她还是一位很好的打油诗人，但并不著名。她的表演富有活力，节奏快，非常精彩，但是缺少的是高贵平静的旋律，好似梭罗①笔下的松鼠一样，一位观众也是有的。

然而，从她的歌声旋律中我们也可以听得出某种装腔作势的严肃与高雅的成分，就如同与一个擅长交际、令我们尊重的有涵养的女性在非常高兴地交流一样。她具有非常强烈的母性本能，她担忧与牵挂的重点是用枯枝与干叶搭建的简易小巢。前不久，我漫步于林中时，一小片植被茂密的沼泽地吸引了我的注意力。在它的四周还生长着野蔷薇、荆棘和四季常青的菝葜类

---

① 亨利·大卫·梭罗（1817—1862年），美国19世纪超验主义作家，自然文学作家的先驱。1845年春，他在瓦尔登湖畔建起一间木屋，开始过起和大自然融为一体的、与世隔绝的简朴生活，历时两年。

蔓藤植物,忽然,从里面传出了痛苦与惊恐的喊叫声,这便预示着那位素装歌手面临着一种可怕的、灾难性的威胁。我要赶快闯进去,但却怎么也进不去,我要脱去我的帽子和大衣,目的就是为了避免被荆棘挂住而阻挡我进去的路。我站在一片陆地上,向四周展望,看见了一幅令人气愤而又啧啧称奇的画面。距离我三四码远的位置有一个鸟巢,在它的下面盘踞着一条黑色带有长条花纹的大蛇,它张着大口慢慢吞食着一只快要成熟的鸟儿。它并没有觉察到我就站在那里,这时,我正好悄无声息地观察整个过程:首先,它慢慢地用它那富有弹性的大口将这只雏鸟吞下;然后将头放平,脖子也慢慢开始蠕动,后面连续鼓了两三下,它闪亮的身子也随着起伏。完成了这项工作之后,它抬起了自己的身子,动作显得那么小心翼翼,向外吐着它带有光的舌头,弓着身向鸟巢的方向爬去。到达了鸟巢的地方,它用一系列诡秘的起伏动作探测着鸟巢内部的情况。我真的难以想象,对于那鸟巢里一点戒备也没有的鸟儿来讲,还会有什么比在他们的鸟巢上方出现这个大敌的头与脖子更令人不寒而栗的呢?这一幅令人胆战心惊的情景会使他们血管里的血液为之凝固了。而这条大蛇并没有搜索到它所想要的目标,转而滑行至下面的树枝上,又去别的地方搜索目标了。它在树枝上滑行时尽量不让它搜索的目标觉察,它满脑子想的都是如何抓住那只刚刚被吃掉的雏鸟的父母。它没有腿也没有翅膀,但是却可以轻松自如地来回穿梭,它在林中就像鸟儿与松鼠在林中一样熟悉与自在。它也可以上蹿下跳,上一秒还在弯曲的大树枝上,然后突然间蹿到了浓密的灌木丛中,再向四面八方游蹿,它的速度真是令人惊叹、惊讶!这会让人联想起伊甸园中的人类诱惑者与"我们所有灾难的起因",并且还要让人在这个排行首位的大敌面前表示怀疑,它是不是又在人类面前搞恶作剧呢?我们可以称它为蛇,也可以叫它魔鬼,这都没有问题。然而让我惊叹的是它呈现出的美丽、黑油油的褶皱,淡定轻松的滑行动作,昂着首,闪闪发亮的目光,像喷射着火焰一样的舌头,还有让人看不见的像飞一般敏捷的移动速度。

在大蛇移动的同时,那只雏鸟的父母发出了悲痛欲绝的啼叫声,他们时不时地拍打着自己的翅膀,看上去非常愤怒。面对这条即将要吞食自己的大蛇,他们竭尽全力用喙与爪攻击着它的尾部。大蛇受到攻击之后,通过重叠自己身子的方式反过来进行了战略性动作实施。这一瞬间几乎已经让攻击对象瘫痪了,那只母鸟差一点就被逮到。但实际并不是那样的,在大蛇即将要闭合嘴巴的那一瞬间,猎物就已经挣脱了并且逃到了树枝的顶端,很明显,母鸟在那个时候已经虚脱无力了,从她的哀鸣声中就可以听得出来。众所周知,她的有力武器就是她艳丽外表所具有的诱惑力,但这一次却一点用处都没有,不过,当时如果是一只较为脆弱、毫无战斗力的鸟儿,就很有可能被那致命的魔力降服。不久,大蛇沿着一棵长得弯曲的桤木的细长树干溜下来时,我的胳膊轻微动了一下,它一下子被这个动作吸引了。它畏缩着,一动不动地盯了一小会儿,我认为这种盯视只有蛇和魔鬼才有吧!它迅速转身——对于这种技能它不张扬,但又浑身发痒,之后便沿着交错的树枝滑掉了,很显然它认出了我——那个在伊甸园中被它毁掉的古代人的后代。片刻过后,它休息了,在一棵枝叶繁茂的桤木树梢悠然自得地躺着,尽可能使它柔软灵活、油光发亮的身躯看上去像一段弯曲的树枝。它已经意识到了,之前的那笔账已无形中忽然强加到它的头上,要由它来还。我行使了我的权利,拿起一块石头准确地击中了目标。它带着疼痛、蜷缩的身子,掉在了地上,来回扭动着。之后我彻底了结了它,这时的林子又恢复了一片寂静。一只羽毛尚未丰益、刚刚经历了丧失亲人的苦痛的小鸟从躲藏的地方走了出来,接着跳上一根腐朽的树枝,用尽浑身解数叽叽喳喳地叫着。毫无疑问,它肯定是在表达获胜的心情。

　　7月中旬来临,日子一天一天过去,林子也逐渐寂静下来。季节的盛衰已趋于平衡,尽管节日的气息还未消退,但在炎热而又漫长的夏季,庄稼已随之成熟,优美的音乐也渐渐停止。幼鸟离开了自己的居所,所以需要格外照料,换羽毛的季节也慢慢来临;当蟋蟀开始在你的窗底下低声唱出单调的副歌之后,你只能等到来年的春天来临之后,才可以再一次听到棕林鸫用无可比拟的喉咙发出的歌声。刺歌雀这个时候则忧心忡忡,感到烦躁,觉得不安,尤其是当你走近他的巢穴时,他会毫不留情地给你一顿劈头盖脸的痛骂与斥责,其间还会忽然间冒出一阵歌声,他为一窝子女操碎了心,同时还要顾虑到自己的音乐声望,这让他左右为难。还有一些雀儿仍然在歌唱,有的时候,在这片炎热的田野的另一侧,树林边的一棵大树上传来猩红丽唐纳雀嘹亮的歌声。他拥有热带色彩,热衷于炎热的天气,我甚至在三伏天都可以听到他的歌声。

夏天的森林里仅剩燕子与翔食雀了,他们饮宴狂欢。无论有多少不同种类的飞蝇与昆虫,都只能是被捕食的结局,这为鸟儿们提供了更多的机会。瞧!那边树枝上栖息着一只暗灰色的绿霸鹟,堪称真正的运动员,因为他总是不停地飞着,从来都不停息。你们这些四处游荡的苍蝇,还有半瞎的蛾子,小心一点吧,千万不要闯入他的捕食范围。你好好瞧瞧他的那副架势,他的头好奇地来回摆动,眼睛滴溜溜地乱动,"从空中到地上,再从地上到空中",持续地扫视着。

他的视力总是那么细致入微,就像显微镜一样,搜索目标也极为准确,看到哪只就锁定哪只,身子跟随着意志而动,一举将猎物拿下,随即便返回至栖息处。在这期间,你看不到争斗,也没有发现追逐——他利用的仅仅是猛扑,很简单的一个动作。

正如你即将看到的,那只小雀儿的机能就不怎么熟练了。这只雀儿是灰色的,以寻找各种种子、昆虫的幼虫为食。他偶尔也会有些非常大的愿望,所以,他会竭尽全力模仿绿霸鹟,开始捕食时像极了翔食雀,追赶甲虫和蛾子时显得很笨拙。这个时候,他在灰暗的草丛里急切地寻找着猎物,我猜想,他这时脑中想的都是他心血来潮的奇怪念头。看!他有机会了,因为一只米黄色的小草蛾尽最大的努力绕着弯逃了出来,灰雀也跟在了它的后面。这场较量看上去是滑稽的。但对于草蛾来说,局势确实很不利。这场你追我逃的比赛一直持续了数米,灰雀猛地一扑——然后煽动着自己的翅膀又飞起来。当灰雀在此搜索的过程中接近草蛾时,草蛾也已经缓过气来了。抓不到草蛾,灰雀感到很气愤,尖叫着,但仍不放弃。他仍然紧追着这个逃亡者,这个过程毫不费力,他随时都做着停下来猛然咬它一口的准备,但却都没有成功——他一次次地有了期望,但又一次次地失望了,反反复复,小灰雀失去耐心了,于是便返回了适合自己生存的捕食之道。

灰雀与草蛾之间的争斗给人的一种感觉是他们在闹着玩,

而与他们形成了鲜明对比的是灰背隼对金翅雀或麻雀的追逐。他们之间的斗争是速度与智慧的比拼,堪称翅膀与风之间的较量。这场斗争紧张到鸟儿的每块肌肉,甚至每条神经都紧绷。鸟儿拼命地逃着、左躲右闪着、惊恐地叫着。灰背隼却非常淡定,飞驰急转,紧跟着他们。他可以熟练掌握自己的动作,也可以准确把握被追逐鸟儿的动作,寻找最佳时机实施进攻,就像与被追逐鸟儿化为一体似的。这时,人们的情感则显得非常焦虑。你来不及站在围墙上或冲出外面去看结局。而那些被追逐的鸟儿,也有逃生的方法——要像草蛾那样采取逃生策略,找到灌木丛、树林或树篱。有了这些掩护对象,他们就可以利用自己较小的体形敏捷地穿梭在其中,而追逐者却因为体形较大无法紧随。而这些"强盗"们也意识到了这一点,所以他们更愿意来一个猛扑,迅速将猎物获取。也许,你会看到有一只灰背隼悄无声息地巡行在某个果园里,周围有几只金翅雀绕来绕去,灰背隼这时就沮丧了,他"吓——啼——,吓——啼——"地叫着,觉得非常可惜,他似乎并不在意这几只金翅雀,因为他明白:金翅雀认为自己在这茂密的树枝中是安全的,而这些密集的树枝又像是一堵坚固的墙,将自己与金翅雀分隔开。

8月是鹰展翅高飞的月份。鸡鹰最吸引人的注意力了。他喜欢在云雾缭绕而又宁静的日子里享受着漫长而又暖和的时光;他那么悠闲自在、无忧无虑;他的动作很威严,也很美丽,显得很淡定,一点都不慌乱;他扇动自己的翅膀时显得非常壮观,连续不断地盘旋着,冲向高空;他那么的傲然、威严、优雅,时不时还放开胆量在空中做着一些特技表演。

他悠闲地翱翔于天空,几乎都看不到他振动自己的翅膀。他还在继续盘旋爬升,直至成为夏日里空中的一个斑点。如果这个时候兴致突发,他会突然半闭双翅,像一张弯弓似的由空中直劈而下,仿佛要与大地亲密接触一般,让自己粉身碎骨。但就在将要撞到地面的那一瞬间,他突然间又展翅高飞,就像又被弹回至空中一样,再用一种舒缓的动作飞离这里。在这个季节里,这种表演是最壮观的,人们观看时都是屏气凝神,直至他又返回至空中才放松下来。

如果想要做一种平缓而又不惊险的降落姿势,他的目光会锁定在地面远处的一个点,之后开始在那里转来转去。他的动作还一如既往地大胆,速度如同流星一样快。他从天空飞翔到下面的线路呈直线形。如果你离他近一点,就能听到他急速拍打翅膀的响声,还能看到他的身影在原野上用很快的速度移动。而瞬间,你又能看到他一声不响地栖息在沼泽里,或者是在草地上的某一棵矮树上或腐烂的树枝上,回味着方才进入肚子里的老鼠或青蛙带来的美味。

当南风吹拂,这些被称为空中的王者就值得好好来看一下了。他们总是三四只结伴朝着山谷口的方向飞行,逆行在强劲的风中,翅膀也在晃动着。他们努力让自己的身体稳定下来,时而能够达到平衡,除了会像走钢丝那般微微颤动;时而又上下起伏,起落的幅度很大,像随风荡漾;或者扶摇直上,毫无慌张地在山巅上平行飞行。但也如同上述所说,偶尔间他们也会心血来潮,忽然加快速度。当看到一只这样的鹰由头顶飞过,朝他开了枪时,除非他伤势严重,否则他是不会改变原来的飞行路线与姿态的。

观看翱翔中的鹰就如同进入了一幅动中有静的完美画面。鹰的飞翔与燕子、鸽子的飞翔相比较,给我们带来了更大的视觉享受。他在飞翔时所使用的力量是那么的柔和与均匀,是我们凭肉眼很难观察到的,这样,我们看到他的动作始终都是一种飘逸的风姿,那是一种力的自然流露,并不是刻意的展示。

当有乌鸦或极乐鸟攻击鹰时,他就会显示出一副与自己身份完全相符的平静与威严。他几乎从来都不会向那些吵吵闹闹与愤怒无比的敌人屈服,相反地,他会故意在空中盘旋爬升,接连不断地爬升,直到搞得那些追击者头晕目眩不得不返回至地面为止。他可以飞到一定的高度,而这样的高度又令那些自大狂妄的对手迷失方向、不知所措,而他又可以摆脱他觉得没有必要与之交手的敌人,这种方式独特而又有创造性,但让我无法做出判断的是:我不知道这种方式是否值得效仿。

然而,夏天渐渐离去,秋天即将来临。在收获的季节里,播种季节里的歌手们却都一声不响。这个时候,轮到其他的歌手献唱了。昆虫的全盛时期来临了,他们一整天都在吟唱。春日里与夏日里的歌都变得那么柔和而又更加雅丽,回荡在空中。鸟儿们换上了自己的新衣,而这种衣服看起来不是那么有节日里的色彩,他们也开始向南方飞去。燕子也成群结队地飞走了,食米鸟也成群结队地离开了。静悄悄地,在人们毫无察觉的时候,所有的鸫科鸣禽也飞走了。秋天来了,各种雀科鸣禽、莺、麻雀以及戴菊鸟也陆续从北方飞走了。他们都悄悄地迁徙了。看!远处的那只鹰离开时飞翔得那么平静,慢慢地消失在了地平线上——这便预示着季节接近尾声,象征着鸟儿的离开。

Fire Crowned
& Common Gold Crest

Chapter 2

在铁杉林中

如果说起每年到我们北部气候区来的鸟儿数目，大多数人可能都不太相信，也只有非常少的人知道夏季生活在他们附近区域的鸟类，但是在数量上，他们知道的并不对，或许也只有其准确数量的一半。当我们在林中畅游的时候，很少有人会去进行这样的思考，我们现在的行为妥当吗？这可是他人的私人领地——这些来客都非常高雅并且稀有，他们来自四面八方，有的来自墨西哥，有的来自海岛地区，有的来自南美洲。他们在我们头顶的树枝上欢乐地相聚在一起，或者是他们飞累了，就在我们前面的空地上飞落下来，寻找最单纯的快乐。

我常常会想起诗人梭罗梦中的那个鸟家庭，他们令人羡慕地住在斯波尔丁林子高处的房子里。然而对于这一切,斯波尔丁并不知晓,每当他从鸟儿们的家下面经过的时候,总是吹着口哨,赶着牛群,即使这样的吵嚷,鸟儿们也没有被激怒。他们自由自在地生活在林中,并没有参与村子里的生活,反而将自己的日子过得其乐融融。他们在那里生儿育女,既不用织布也不用纺纱,他们在啼鸣时是那么欢乐,但是也隐隐有着一种压抑的感觉。

至于林中人梭罗对这些鸟儿的描述,我想当然地认为,他只是在给鸟儿们美言罢了,尽管我发现鸟儿们有时也会因为斯波尔丁经过时所带来的轰隆声而愤怒,不过这只是偶尔的情况。从总体上来说,斯波尔丁和鸟儿之间并没有想象中的那样在乎彼此。

不久前,我在一片老铁杉林中悠闲散步的时候,数了一下夏季候鸟的种类,大约有40多种,他们有的与附近其他林子中的鸟类比较相似,有的则是这个荒僻的老铁杉林所独有的,在其他地方很难找得到。这真是一个不同寻常的景象啊!在这样一片并不是很大的森林中,栖息着如此多的鸟类。他们中的很多都会在这里筑巢,度过炎热的夏季,还有的会去向遥远的北方,不过在我看来,鸟类的分布主要还是取决于气候分布的因素,这与地理分布没有太大的关系。如果具有相同的气候,不论是在哪一个纬度,总会吸引着同类的鸟类栖息。同样,海拔的高度对鸟类分布的影响也同纬度的差别一样,几乎是没有的。一片高于海平面的高地,纬度在30度以下,当它所具有的气候与纬度35度以下的一些地区气候一样时,所拥有的动植物基本上也是相同的。我写作的地方在特拉华河的上游地区,这里的纬度和波士顿是相同的,但是这个地方的海拔要高很多,因此与该州的北部以及新英格兰北部地区的气候相比要好很多。如果驾着马车往东南方向走半天,所到的地方与我写作地方的气候条件就有很大的差别,地质构造也更加古老,生长的树木也不尽相同,因此这里所生活的鸟类也是不同的,就连哺乳动物的种类也有很大的差别。在我生活的地方,只有北方的大野兔和红狐狸,想要找到灰色的小兔子和灰色的小狐狸几乎是不可能的。在100多年以前,这里曾经生活过一群海狸,然而现在他们的踪迹已经难以寻觅了,即使是年龄最大的居民,他们也无法指明哪里是这群海狸曾经筑坝的地方。我想要展现给读者们的那一片老铁杉林,是一个物产丰富、拥有众多鸟类的地方。之所以它会如此富饶,主要是由于这里广泛分布着各种各样的植物,沼泽地周围盛产累累的果实,同时树林暗密,这一系列得天独厚的环境条件为鸟类的生存提供了一个良好的环境,生活在这里完全不必为安全问题而担忧。

　　如今的老铁杉林貌似是一帆风顺成长起来的，事实上，它也曾经遭受过很多的磨难。面对那些想要其树皮的制革工人的掠夺和残酷蹂躏、定居者的践踏摧残、伐木工人的乱砍滥伐，它没有因此丧失掉生长的信心与活力，这是它表现出的最英勇的一面。前些年，一条公路毫不客气地从这里贸然穿过，这使它感到非常愤怒，对于这条公路的存在，它再也不想去容忍，于是它把树横挡在路面上，用繁茂的枝条和潮湿的泥土把路堵上。面对这样的情形，行人们也终于觉悟了，他们选择绕道而行。如今，我漫步在这条已经荒芜的公路上，能够见到的也就是狐狸、松鼠以及浣熊的脚印。这样的树林同样也受到大自然的喜爱，她将自己的封条贴了它们上面。关于如何处置蕨类植物、地衣和苔藓植物，也是她在这里告诉我的。这里拥有非常肥沃的土壤，为森林生长提供了必备的条件，因此这里林深树密。站在这些通道上，芬芳四溢，我能够深深地感受到植物王国是何等的强盛，而我的身边，那些神秘和深奥的生命活动正在悄无声息地进行着，这让我的心灵极为震撼，甚至让我心生敬畏。

　　如今的森林，并不是一片完全沉寂的土地，这里仍然会有敌人前来造访，只是他们的装备并不是之前的铁铲和刀斧。牛群活动在这个森林中，它们的身影时隐时现，在这植物繁茂的林中，它们知道哪里的草是最香嫩的。春季来临，毗邻的枫树林将开始变得热闹起来,农夫们纷纷赶赴去制糖;等到七八月间,是附近村落妇女和孩子最忙的时候,她们都会到老巴克皮林中采摘黑莓和山莓;我甚至还知道有一个年轻人更有想法,他竟然沿着缓缓的溪流去寻找和捕捉鳟鱼。

6月,一个晴好的早晨,心情也如这天气一样爽朗,我精神抖擞地去收获我的成果——寻找那些比浆果更加可口的果实,比糖还要甜美的蜂蜜,比鳟鱼更加美味的猎物。

鸟类学的学生在一年中最关注的月份就是6月份。因为这个时间是大多数鸟儿筑巢的时间,同时也是他们羽毛最为丰满、歌喉最为响亮的时候。有些鸟儿不喜欢唱歌,难道这样的鸟儿也配得上鸟的称号吗?我们难道不等陌生人开口说话吗?就我而言,好像只有听到鸟儿的叫声以后,才算是真正地认识了他;然后我才会向他走近,而他对我似乎也并没有敌意,而是有着一种通人性的兴趣。曾经,我在树林中与一只灰颊鸫偶遇,尽管当时我并不认识他,但我依然将他捧在手里。雪松太平鸟之所以会充满神秘感,就是因为他始终保持着一种沉默,而这种沉默所带来的神秘感,无论是他吃樱桃时那一副偷偷摸摸的神情还是格外漂亮的外表都无法消除。鸟儿的生命线索总是包含在其歌声里,他和听者之间通过歌声建立起一种感同身受的关系,一旦这种关系形成,他们之间就对彼此建立起了最基本的理解。

我从一个陡峭的山坡走下来，然后从一片糖枫林穿过，最后才走近铁杉林。在距林子大约 100 码时，便听到那红眼绿鹃带有颤音的啼鸣声连绵不绝地回荡在树林中。那婉转的啼叫声中洋溢着幸福与欢乐，就好像上学路上顽童的口哨声。红眼绿鹃是一种比较常见的鸟类，分布范围极为广泛。每年 5 月到 8 月之间，在美国东部和中部地区，如果你在某一片森林中听到一声鸟鸣声，那很可能就是红眼绿鹃所发出的。他总是在不断地欢唱，无论是任何时间、任何地点，也无论是怎样的天气状况。他不像鸦科鸣禽那样害怕炎热，也不像莺科鸣禽那样害怕天气太冷或者是风太大，这个小小的乐手总是在森林深处或者是村庄的果园里演唱，至于时间和地点，完全不是他所关心的事情，他只是陶醉于自己欢乐的音乐中。在阿迪朗达克山脉的茫茫荒野之中，很少能够看到鸟类的踪迹，想要听到鸟儿的啼鸣声就更加困难了。然而他的歌声却几乎始终萦绕在我的耳边，他总是忙忙碌碌的，从没有一刻停下来，为了音乐的职业，他几乎是殚精竭虑；他所歌唱的乐曲是一首凝聚了勤劳与满足的曲子；他的演唱既不会让人感到伤感，听起来也不是那样悦耳，但是却富有极强的感染力，让人从中体会到无穷的欢乐。的确，对于人类来说，大多数鸟儿的歌声中都蕴含着某种意义，在我看来，那是我们获得快乐的源泉。如果让我来听，我总能从刺歌雀的叫声中听出一些欢乐的情绪,从麻雀的歌声中听出忠诚的意味,从蓝鸲的歌声中听出爱情的甜美,从白眼翔食雀的歌声中听出涩涩的娇羞,从灰嘲鸫的歌声中听出狂妄的骄傲,从红胸知更鸟的歌声中听出军人似的庄重,从隐居鸫的歌声里听出精神的安详静谧。

对于红眼绿鹃的归类总是存在着分歧,一些作者将他归纳到翔食雀的类别中,但是从他的外表来看,他更像是食虫莺类。鹩科鸣禽和纯种莺科的特点和习性在他身上几乎很难找到,他看起来更像是歌绿鹃,因此经常会有粗心的观鸟者将这两种鸟类混淆。虽然两种鸟类的啼鸣声都充满了欢乐的曲调,但是后者的啼鸣声更加连贯、时间更久,甚至会给人一种非常急促的感觉。红眼绿鹃的个头要稍微大一些,体形要更加修长一些。他戴着淡蓝色的冠,眼睛上还有一道淡淡的眼线,甚是美丽。他的动作看起来也非常奇特。你能够看见,他从这个树干跳到那个树干,在繁盛的树叶下面不断地翻腾着,好像对叶子充满了好奇,左右地打量着,然后再轻巧地飞来飞去,同时还不停地歌唱着。偶尔,他的歌声也会渐渐地弱下来,好像是从遥远的地方传播而来。如果他发现了自己喜欢吃的虫子,就会毫不犹豫地飞扑上去,先用嘴将虫子的头部弄伤,然后再把它整个吞食下去。

当我走进森林里的时候,一些暗蓝灰色的雪鸦受到惊扰,从我的面前飞了起来。他们尖声叫着,叽叽喳喳地喧闹一片,这叫声中似乎充满了冷酷而严厉的抗议，不满于我的突然造访。虽然雪鹀在这里繁衍后代，但是在人们的眼中，他没有被看作是雪鹀，因为他和歌雀一样，每当冬天来临的时候，就会离开这里，等到第二年春天再飞回来，仿佛永远和冰雪寒冷没有半点关系。不同地域的鸟儿生活习性上有很大的差别，就连乌鸦也不会在这里度过冬天，因此，在12月份到来年3月份之前想要在这里看到他的影子可是一件困难的事情。

雪鹀，当地的农民对他再熟悉不过了，经常称它是"黑斑翅鸟"，在我知道的地面建筑师中，雪鹀是最优秀的。他经常在靠近树林的路边斜坡选定筑巢的地址，然后将土稍稍挖开一点点，入口一半遮掩着，一半敞露着，紧接着一个十分精巧的建筑就完成了。在他的巢中，你可以发现有很多牛和马的鬃毛，这使他的巢穴不仅看起来牢固匀称，同时还非常柔软舒适。

我从糖枫的拱廊里穿过时，只是停留短短片刻，就看到了一场十分精彩的松鼠表演，滑稽极了。这三只松鼠中，一只是黑色的，两只是灰色的。然后穿过一道古老的林篱，这一次才算是真正地进入了老铁杉林。这是一片极为原始的、从未有人涉足的偏远之地。地面已经被厚厚的苔藓所覆盖，踩上去以后，我的脚就好像已经被苔藓紧紧地裹住了。在昏暗、近乎神圣的光线下，我眼睛的瞳孔扩张。然而，那没有礼貌的松鼠也明目张胆地蹿过来,因为我的到来而窃笑不止。他们完全无视这里的宁静,不停地蹦跳着,喋喋不休地吵闹着。

冬鹪鹩就栖息在这个隐秘的地方,如果你想在附近一带找到他,那么也就只有在这里了——在附近所有的林子里,只有在这一片林子能够找到他们的踪迹。在光线非常昏暗的通道中,他们的叫声不停地回荡着,听起来就好像有什么神奇的共鸣板相助一样。

实际上,他是如此娇小的一只鸟,歌声却是非常嘹亮,并且拥有丰富的情感,就连衔接的地方也非常完美。这让我想起了带着颤音的银嗓子。冬鹪鹩歌唱的时候,只要凭借充满情感的抒情特色你就知道是他,但是想要看到这位小音乐家,你就必须注意去看,尤其是在他演唱的时候。他的颜色与大地和树叶非常接近;他总是在低处活动,从来不飞上高高的枝头;在每一个树桩之间,在每一个树根之间,他欢乐地飞舞着;他有着非常高的警惕性,总是在他藏身的地方进进出出,来回躲闪,对所有入侵者的目光都充满了怀疑。他的长相似乎并不是特别惹人喜爱,可以说长得非常可笑,甚至可以用滑稽来形容。他的尾巴笔直地竖着,直接指向自己的头部。他的性格非常内敛,在我所认识的鸣禽中,他是最不爱炫耀的一个。演唱的时候,他从来不装模作样,就好像平时一样把头高高地抬起,清一清嗓子,为演唱做好各种各样的准备。紧接着,他选定一根原木作为自己的舞台,然后将目光直视前方,甚至向下看着地面,这时歌声就悠扬地从喉咙里吐出来了。作为一个歌手,似乎再也找不到比他还要优秀的了。然而在 7 月的第一个星期之后,我就再也追寻不到他的歌声了。

坐在一根圆木上,软软的,就像是人工加上去软垫一样,我品尝着酢酸草带有酸味的辛辣刺激味道。这种植物在这片被苔藓覆盖的土地上生长得到处都是,它开出的花朵非常大,并且上面还有粉红色的叶脉。这时,一只红褐色的鸟从我的眼前敏捷地掠过,然后落在十几米之外的矮树枝上,他殷勤地向我打着招呼:"唷! 唷!"或者"呜咿! 呜咿!"那声音听起来就好像是你在呼唤你的宠物狗的口哨声。他的动作优雅而率性,前胸还带着暗淡的斑点,我以此可以判断,这是一只鸫科鸣禽。从他嘴里吐出来的啼鸣,声调柔和圆润,就如同笛声一般,这是我听到的最简约的音乐表达形式中的一种。很快地,他就飞走了,从我的判断来看,这是一只棕色夜鸫。他是所有鸫科鸣禽中体形最小的,大小就跟普通的蓝鸲一样。人们将他与其他鸫科鸣禽进行区分的依据就是他胸前斑点的暗淡程度。隐居鸫的斑点用淡淡的、青白色的羽毛相衬托,呈线状排列。棕林鸫的斑点是在白色的羽毛上,呈一种独特的椭圆形,格外清晰。然而棕色夜鸫的斑点似乎已经不是那样的突出了，从远处看去，他的胸前就只有一片模糊的黄色。如果你想要清清楚楚地看他，唯一的办法就是去他经常去的地方守候着，与此同时，他对你也要貌似急切地好好打量一番。

一声虫鸣般的鸟鸣从那些高大的铁杉树上传来，悠扬悦耳。一个偶然的一瞥，我看到一根树枝在微微地颤动，然后有一只翅膀掠过。我赶紧仔细地进行观察，但是任凭我如何努力，都只是徒劳，我的脖子快扭歪了，已经头晕眼花，还是什么都没有看清。过了没多久，那只鸟猛地飞出来了，或者从某种程度上来说，是向下滑行了几英尺，他的目标就是一只会飞的蛾子或者昆虫。这时，他的整体轮廓映入我的眼底，但是光线太过于昏暗，他属于哪一种鸟我并不确定。就在这关键时刻，我拿出了枪。如果想要鸟类学研究取得突破性的发现与发展，人类就必须要获得鸟类标本，不惜去伤害他们的性命，因为众鸟在林，不如一鸟在手，从鸟类学研究的角度来讲，这句话颇有道理。因为不猎杀鸟、不获取标本，就无法在鸟类学研究中取得可信而迅速的进展。从他的举止和习性来看，很显然，这只鸟是一只莺。但是他具体是哪一种呢？我仔细观察着，想试着叫出他的名字：他的眼纹和鸟冠是深橙色，好像火焰一样的颜色，喉和前胸也呈现出同样的色彩，背部的羽毛则是黑白相间的两种颜色。雌鸟的斑纹和色彩并不是十分明显,也没有那样光彩照人。如果要说一个与他们特征相符合的名字,橙喉莺好像是最佳的选择了。但是并不对,他的名字应该是用某一个发现者的名字命名的,那个首先用步枪打落他的巢穴、夺走其配偶的人好像就是——布莱克伯恩,因此他的名字就是布莱克伯恩莺。"伯恩"这个词的使用好像最为合适了,因为在常青树林中,光线黑暗,而他的喉与胸前的深橙色看起来就好像是正在熊熊燃烧的火焰。他的啼鸣声非常悦耳,就好像橙尾鸲莺的声音一样悦耳,但是并不是十分动听。在附近一带,我只在这里找到了他们的踪迹。

我在同一个地方被另外一种莺所吸引,为了清楚地看到他,我同样付出了很大的辛苦。他的叫声实在是与众不同,那曲子悠扬极了,升高了半音并且还带着咝咝声,尤其是在这安静的古老树林中,显得格外动听。在那生长着山毛榉和枫林的高原地带,他的叫声更是经常被人听到。如果将这种鸟放在手中,人们会被他美丽的外表所打动,情不自禁地赞叹到:"多么美丽呀!"他是如此的优雅、小巧,在众多的莺科鸣禽成员中,他是最小的。他嘴的上部是黑色的,下部是金黄色的;喉咙是黄色的,而胸部的羽毛却变成了深褐色;背部是淡蓝色的,双肩中间的地方点缀着淡古铜色的三角形斑纹。正是因为羽毛的特色,他被人们称是蓝黄林莺。尽管他的黄色已经接近于赤褐色,但是这对他的名称不会有丝毫的影响。他是多么美丽而精致啊！我知道他是莺科鸣禽中最美的，就像我知道他是莺科鸣禽中最小的一样。每当我在自然界那些外表粗狂野蛮的动物中发现这种优雅而精致的生物时，总是会感到格外惊讶，毫无例外。这就是一个无可改变的定律。你在远赴大海之时，向高山上攀缘之时，在那粗狂至极与野蛮至极的自然界中，你同样能够看到大自然极为优雅的一面。大自然中的伟大和渺小，不是我们每一个人都能够理解和领悟的。

一旦我向这林子中间走去，鸟儿们的歌声就渐渐远离我的耳畔，在这静谧的空间中，当我浸入沉思时，总会从树林深处传来一支悠扬的乐曲，那就是隐居鸫的歌声。在我看来，这可是自然界中最美的声音。我常常停留在远方仔细聆听他唱歌，有时甚至已经超过了四分之一英里的距离，这时能够听到的就只有他歌曲中完美而洪亮的部分。他的声音很特别，在鹪鹩和莺科鸣禽的合唱中，我总能分辨出他的声音，清纯而安详，这种声音悠然升起的时候，就好像是一个来自远方高地的精灵在为大合唱伴奏，多么舒缓！充满了神圣的味道。这个歌声给我的心灵带来极大的震撼，一种美好的情愫油然而生，这使人想起一种宁静的宗教祝福，这是自然界中其他任何声音都无法做到的。或许它并不是一支晨祷之乐，而是一首晚祷的赞美诗，尽管我一天之中任何时候都能听到它。这首歌曲简单质朴,其魅力我简直无以言表。从他的歌曲中,我仅能简简单单地摄取只言片语:"噢,地球,地球!噢,上天,上天!噢,云消雾散,云消雾散!噢,天已放晴,天已放晴!"这些歌词中都带有婉转悦耳的颤音,将序曲点缀得更加优美。它的曲调不像蜡嘴雀和唐纳雀那样流露出得意之情,也没有那样的华丽;如果你想在其中寻找起伏的激情,哪怕一丝的情感,恐怕都会让你感到失望,它仿佛没有丝毫的个人意识,就像是一个人在其人生最得意之时所获取的那种悦耳、庄重而宁静的声音;它显然是欢乐的,平和、严肃而深沉,这种欢乐普通的人很难领悟,只有那些最高尚的灵魂才能体会其中的内涵。几天前的一个夜晚,我登上一座山,想要饱览月光下的美好世界。当我快要到达山顶的时候,隐居鸫开始唱起他那晚祷的赞美诗,距离我也只有几十米之遥。山上格外的寂静,一轮满月正从地平线上缓缓地升起,我听着这首曲子,瞬间觉得人类文明的自负和城市的浮华都是那样的微不足道和廉价。

像棕林鸫或棕色夜鸫这样同类的两只鸟在同一个地点、同一个时间比赛歌唱的景象,我以前是很难见到的。我将其中的一只用枪打下,仅仅过了 10 分钟,我又看到另外一只站在之前同一个栖息处,展开歌喉歌唱着。那天,再晚一点的时候,当我进入老巴克皮林中心地带的时候,突然遇到一只栖息在低矮树桩上的鸫科鸣禽，他正在一展歌喉，令人惊讶的是，他对于我的到来竟然没有丝毫恐慌的意思，甚至旁若无人地将那神圣的歌曲抬高了声调。我把他的嘴掰开，发现他的口腔里就好像黄金一样橙黄，我原本甚至期待着能够看到其中镶着钻石或者是珍珠，更或者从中跳出一位美丽的天使。

这种鸟在书中被提及的并不多。实际上，在我所知道的鸟类学研究方面的作者中，如果涉及以上三种歌鸫的主题时，似乎没有人的头脑是清晰的，他们要么将这三种鸟的外形搞混，要么就是将这三种鸟的声音搞混。《大西洋月刊》的一位作者就曾经非常认真地告诉我们，棕林鸫偶尔也会被称作隐居鸫，然而作者在对隐居鸫的啼鸣声进行准确而详尽的描述以后，竟然将他归属于棕色夜鸫，实在是匪夷所思。最新出版的《大百科全书》引用了奥杜邦最新的研究解释说，隐居鸫的啼鸣声单调而充满悲哀，棕色夜鸫的啼鸣声与棕林鸫相类似。隐居鸫的辨识度很高，只需通过他的外貌就可以判定：他的背部完全是黄褐色，尾部和臀部都为赤褐色，尾部的羽茎和翅膀上的羽茎在深色的基色上形成十分鲜明的对比。

我沿着那一条旧路继续向前走去，在薄薄的淤泥上面能够看到有动物曾经从这里经过的痕迹。那这些动物是何时从这里走过的呢？我始终没有遇见过。这里是啄木鸟留下的脚印，那

CONTOPUS VIRENS

——— 东绿霸鹟 ———

常见的绿霸鹟也就是东绿霸鹟总能激起人们最美好的情绪，或是因为其用苔藓铺就的精致的巢，或是因为其委婉的哀声。

CONTOPUS VIRENS

里是皱领松鸡留下的踪迹；这里是臭鼬的爪印，那里又是水貂或松鼠的印迹，还有一边是狐狸留下来的脚印。从那清晰的痕迹中可以看出，狐狸走过这里的时候，显得十分紧张与不安！它与小狗的足迹是极其容易区分的。与它的清晰、整齐相比，小狗的足迹显得尤为笨拙、粗糙。就好像他们的声音一样，各种动物的足迹都能让人感受到一种野性。鹿的足迹是与绵羊的还是山羊的相似呢？新雪上灰松鼠的足迹清晰地交织着，处处都能彰显出他是多么灵活敏捷呀！啊！自然真是良好的训练场。尤其是这林中的生活，是怎样磨砺了触觉，赋予嗅觉、听觉以及视觉上的力量！难道这林中的每一类鸟不是最优秀、最罕见的歌手吗？

在这样偏僻寂静的土地上，东林绿霸鹟的啼鸣声几乎覆盖了全部的区域，那叫声中充满了伤感，几近悲哀。绿霸鹟是非常纯正的翔食雀，具有非常高的辨识度。他们具有非常强的个性，家系特征十分明显，是一种拥有争强好斗性情的鸟类。在我们森林和原野的众多鸟类中，他们几乎是最缺乏风度和魅力的，外形也平淡无奇，大头、削肩、短腿，羽毛上没有任何色彩，就连走路的动作和飞行的姿势都不是很优雅，尤其是尾巴来回摇摆的样子简直让人不忍直视。他们也不是特别友好，不是在与邻居争吵，就是同伴之间互相斗嘴，因此，当观鸟者在对那些曾经激起自己欢乐情绪的鸟进行列举时，绿霸鹟几乎从来都没有被考虑进去过,这一点是任何其他的鸟类都"无法匹敌"的。不出意料,他们也没有成为人类喜爱和感兴趣的对象。

极乐鸟是鸟家族中打扮得最美丽的,但是他们却没有表现出丝毫的谦逊,总是自吹自擂。他们是彻彻底底的胆小鬼,每当对手表现强悍的时候,他们总会轻而易举地露出胆怯,尽管如此,他们还总是瞧不上自己的邻居。极乐鸟的胆怯也并不是空口无凭的,我曾经就见过他在燕子面前因为害怕而仓皇出逃,并且我也知道,他还曾经被小绿霸鹟完美地击败了。

大冠翔食雀和小绿冠翔食雀的习性和生活方式基本上是相同的。如果只是在两点之间简单地飞行,他们的飞行速度非常缓慢,但是当他们在捕食昆虫的时候,速度却惊人地快,并且没有丝毫的费力之感,一下子就将速度极快的昆虫变成自己的手中之物。他们这样强劲有力、连贯的动作与外表的沉静迟钝一点都不相匹配。在寻找猎物方面,他们与莺科鸣禽有很大的不同,他们不会去整个树丛和树枝搜寻,而是找一根中间的树枝栖息,等待着猎物的到来,像是一个真正的猎人。当猎物不幸被他们捕获的时候,总能听到他们"噼啪"一声猛地将猎物咬住。

东林绿霸鹟是这一带常见的鸟类,他会以悦耳而悲哀的啼鸣声吸引你的注意力,正好像他的曲调总是留有持续升高的空间一样,在密林中也有他的一席活动之地。

他的亲属菲比霸鹟选择的栖息地是倾斜的悬崖峭壁或者是悬岩的一侧，他精致的小巢是用苔藓筑成的。就在几天以前，我路过一处孤立的、靠近山顶的岩架时，被这一个小小的建筑吸引了。猛地看起来，它就像是长在岩石上一样，已经与周围的苔藓完全地融为一体。从那以后，我对这种鸟的情感发生了很大的变化，甚至可以说对他的喜爱是与日俱增的。而对于岩石来说，它好像更加喜欢这个筑在它身上的小巢，好像已经完全将它据为己有。我由此深深地感叹，这是一堂多么神奇的建筑学课程啊！要想建成这样一座房子，需要融入多少的关爱才可以实现呀，为了取得最后完美的效果，它又经历了怎样的修饰与雕琢，最终才以如此美的姿态出现在人们的面前。它巧夺天工，完全像是大自然的产物。同样明智的节俭在所有的鸟类巢穴中都有明显的体现，因为他们没有一个会把自己的房子装饰成红色或者是其他美丽的颜色，在巢穴上也不会找到任何其他的装饰物。

我突然在林中最茂密的地方遇到了一窝鸣角鸮。他们已经发育完全，他们的栖息地就是一根距离地面仅仅几英尺的枯枝，上面长满了苔藓。在距离他们大约四五米的地方，我驻足不前，向四周环顾张望，忽然这些灰色的、一动不动的动物吸引了我的目光。他们栖坐在那里，笔直的，有的胸朝向我，有的背对着我，但是头却一致地转到我所在的方向，眼睛眯成了细细的一条黑色的线条。通过这条细细的黑线,他们非常机警地观察着我,或许在他们看来,自己根本就不会被我看到。天知道这副情景是怎样的怪异和可笑。它制造了一种特效,白天树林中夜晚的一面。仔细观察他们片刻之后,我向着他们又走近了一步,就在这一个瞬间,他们的眼睛猛地睁开了,那原本的姿态都变了模样,有的向这边扭转着身子,有的向那边低着头,这一窝鸟充满了生机和活力,他们转动着圆溜溜的眼睛,向四周打量着。我又继续向前走了一步,这下他们害怕了,几乎全部都飞走了,只剩下一只,他向下扑腾,飞到了下面的树枝上,然后扭过头来看着我,以一副受到惊吓的表情看着我。鸣角鸮以非常敏捷的动作迅速地分散到树丛中。我将其中的一只打落下来,这只鸟就像威尔逊所描述的一样,是红色的。令人感到新奇的是,这些鸣角鸮的羽毛并不是通体一色,而是分成两段,并且拥有截然不同的颜色,一段是深红色的,另一段是灰色的,这种羽毛的奇特现象与年龄、性别或者是季节没有任何关系。

　　我来到树林中一处比较干燥的地方,这里的苔藓比较少,然而在这个地方,我又找到了另外的一种乐趣,那就是观看金冠鹟。事实上,他根本就不是鹟科鸣禽,只是一只莺罢了。他就随意自如地在我面前的地面上走着,与其说是走着,倒不如说是滑动着,那神态是无意识的、全神贯注的,就好像一只母鸡或者是一种松鸡在觅食一样,扭着头,步伐时而缓慢,时而迅速,这个景象吸引了我,于是我停下来观看。我坐下来的同时,他也停止不动,仔细观察着我,同时又开始他那悠闲漂亮的漫步,表面上看他对我没有任何的关心,只是专注地在做自己的事情,但是实际上,我从未离开过他的视线。然而只有极少数的鸟类是行走的,大多数都是跳跃式地前进,就好像知更鸟一样。在观察到我并没有敌意后,这个漫步者抱着一种心满意足的心态飞上了离地面几英尺高的树枝,然后开始他的演唱,这对于我来说,可谓巨大的恩惠。那支曲子一直处于不断升调的状态,最开始的音调非常低,好像是从一个非常遥远的地方传来的。随着他的声音越来越大,我几乎可以感觉到他全身都在颤抖,歌声也变成了大声的尖叫。那尖厉的声音不停地在我耳边回响着,或许我可以用这种形式来表达这首曲子:"啼雀儿,啼雀儿,啼雀儿,啼雀儿!"别看短短的啼鸣声音符如此简单,事实上每一个音节的重音以及每一个字的力度和强度都在不断地加大,并越来越强。他超高的音乐技能已经在刚才的曲子中展现出来,但是在我认识的那些作者中,并没有人给予他任何的赞美和欣赏。尽管他在刚才的演唱中已经表现极好,但是他仍然有所保留。那是一支更为罕见的曲子,他把这支曲子送给他在空中邂逅的美人。他以轻盈的姿态向那棵树的树顶上飞去,然后冲向天空,像雀一样飞行着，悬浮着，盘旋着。突然他灵感乍现，迸发出一首令人欣喜的精美曲子。那声音清脆而响亮，他兴奋地唱了一遍又一遍，活泼的样子美极了，简直可以和金翅雀相提并论，曲调婉转悠扬，可以与紫朱雀匹敌。这首曲子是人们极少听到的鸟的歌曲之一，只有在黄昏或者是太阳落山以后，人们才有机会领略它的动听。这位狂喜的歌手，藏在繁茂的树林里，远离人们的视线，用颤动的音符诠释着这首美妙的曲子。在这首歌曲中，你会立即发觉他与水鸫鸲的关系。水鸫鸲的鸣啾也和他一样是迸发出来的，音质圆润而响亮，并极为深沉，曲调中总是洋溢着年轻快乐的韵律，就好像这只正在歌唱的鸟儿交了意想不到的好运一样。在将近两年的时间内，这首由漂亮的步行者所歌唱的曲子对我来说，总有一种虚幻的感觉，我对于这种虚幻的声音充满了困惑，就好像梭罗被他那只神秘的夜莺所迷惑一样。顺便说一句，据我的猜想，那只莺也许对于梭罗来说是一只他非常熟悉的鸟，但是小鸟却似乎刻意在保守着这个秘密，在你面前抓住任何机会展现他那尖锐并不断升高的曲调。似乎这些已经足够了，同时这也是他所有的一切。我相信我将它拿给世人们来看，并没有将他的任何秘密泄露出去。在我看来，这就是他的情歌，因为在鸟的交配季节，我经常会听到这样的曲子。我曾经看到两只雄鸟在森林中互相追逐，听到他们的口中迸发出的这种略带压抑之感的歌曲。

从那条老路向左边的方向走去,柔软的圆木和灰色的残枝败叶在我的脚下发出各种响声,我跨过小鳟鱼溪,最后进入老巴克皮林中植被生长最繁茂的地区。一路上,我会被各种各样的东西所吸引,时不时地停下来观赏。这里有一朵非常孤寂的白色小花,从密密的苔藓中倔强地冒出头来,它的叶子是漂亮的心形,它的花与地钱几乎是一样的,只有颜色上的差别。但是这种植物在我的植物学研究中却没有相应的记载;还有一些蕨类植物,我数了一下有 6 个种类,有些非常高大,甚至已经到了我肩膀的高度。

我站在一棵黄桦树下,它的树皮凹凸不平,极为粗糙,脚下生长着一大片石松,叶子闪闪发亮,甚至有点奇怪,许多蔓虎刺浆果在上面点缀着,周围到处都是鹿含草,一株株盘旋着,绽放着淡淡的粉红色的花朵,散发出 5 月果园里芬芳的气息。对于一个无所事事的人来说,这张躺椅是一个非常奢侈的东西,但是我依然想看看感觉如何,于是就躺了下来。中午刚过,太阳已经从最高点向下移动,下午的合唱还没有开始。对于大多数鸟儿来说,上午是精力充沛的时间,他们的啼鸣往往活力四射;然而到了下午,偶尔才会迸发出一阵鸟鸣,几乎每一次都会将所有鸟儿的情绪调动起来,加入大合唱中;到了黄昏时分,也只有这个时候,你才能从隐居鸫的圣歌中领略到其庄严和力量。

很快,我的注意力就被一对红喉蜂鸟所吸引了,他们就在离我几米远的低矮灌木上欢乐嬉戏着。雌鸟就在树枝中躲藏着,发出一种非常兴奋的尖叫声,而雄鸟则在上空盘旋着,猛地俯冲下来,想要去驱逐雌鸟。看到我的时候,雄鸟以一种非常轻盈的姿态落在一根细长的树枝上,就好像一根羽毛一样轻柔。过了一会,两只鸟都不见了。紧接着,就好像约定好了一样,所有的鸟儿都展开自己的喉咙放声歌唱。我躺在那里,眼睛微微地闭着,对这莺、雀、鸫和翔食雀所组成的合唱进行着分析。过了没多久,隐居鸫神圣而孤寂的女低音压过其他鸟的声音脱颖而出。远处的一棵桦树顶上,传来一阵抑扬顿挫、圆润浑厚的颤音,这时,那些没有经验的人或许会以为这是猩红丽唐纳雀所发出的声音,事实上,这种声音来自一种非常罕见的候鸟——玫胸蜡嘴雀。这是一支充满活力的洪亮曲子,一首非常华丽的正午之歌,既能让人们从中感受到健康与自信的提示,也能充分地将演唱者超强的本领展示出来。这是一种才能的展现而非天分。当我在树下起身要走的时候,他望向我,但是歌声却没有停下来。听说在西北部地区,这种鸟比较常见,但是想要在东部地区找到他的身影却是一件非常艰难的事情。他的嘴很大,几乎可以形容为出奇的大,看起来像一个笨重的大鼻子,这对于他那张漂亮的

ARCHILOCHUS COLUBRIS

—— 红喉蜂鸟 ——

看到我的时候，雄鸟以一种非常轻盈的姿态落在一根细长的树枝上，就好像一根羽毛一样轻柔。过了一会，两只鸟都不见了。紧接着，就好像约定好了一样，所有的鸟儿都展开自己的喉咙放声歌唱。

ARCHILOCHUS COLUBRIS

脸来说，无疑是一个败笔。然而大自然并不忍心看到这样的缺陷，于是给予了他玫瑰红的胸以及双翅下侧柔和的里衬，粉红色的，格外美丽。他的背部是黑白相间的花纹，尤其是在他低飞的时候，那一条条白色更加鲜明突出。如果他的身影从你的头顶上掠过，这时你就能有幸看到他翅下的一抹粉红色。

　　一小点明亮的猩红色在远处一棵已经枯死的铁杉树上出现，看起来像是一块正在燃烧的炭火，使这个大背景显得更加阴暗。在北部恶劣的气候里，这一点猩红色显得更加明艳动人。原来，这猩红色不是别的，正是蜡嘴雀的亲属猩红丽唐纳雀。我偶尔会在铁杉林的深处遇到他，知道在自然中不会有比这更大的反差。他的颜色给人非常强的视觉效果，我甚至有点担心他会将脚下的那一段干树枝引燃。他是一位孤独的居住者，在这一带，他似乎更喜欢那些偏僻而高大的林子，有时候还会飞到山顶上去。事实上，我上一次进山的时候，就在山顶上邂逅过他，这个耀眼的动物正在高声地歌唱，微微的轻风吹来，将他的歌声挟带到四面八方。他好像更喜欢地势高的地方，在我看来，也许是因为站在高处歌声会传播得更远、更无可阻挡。当他离开这里，向远处的山坡那边飞去，他那美妙的歌声依旧会借着微风传达到我这里。他是我见过的羽毛最靓丽的鸟。就像蓝鸲的颜色并不是纯蓝色，很多鸟都经不起仔细观察，就像是靛彩雀、红衣主教雀、金翅雀等，没有一个是实至名归的。如果在近处进行观察，猩红丽唐纳雀的颜色丝毫不逊色：全身都是猩红色，就连尾巴和翅膀上的黑色也是完美无缺的。这可是他节日的盛装，等到秋季，他就会将红色褪去，转而变成一种单调的黄绿色，并且雌鸟在整个秋季都会保持这样的颜色。

在老巴克皮林合唱队的领唱中，紫朱雀是其中的一个。他也被人们叫作朱顶雀。他的生活习性有些与众不同，他不喜欢和其他的鸟类栖息在一起，通常他会离开他们一些，在一棵枯死的铁杉树上栖息，然后使用悦耳的颤音为人们演唱出动听的曲子。他是鸟类中的优秀歌手之一，在雀科鸣禽中可位列榜首，就像隐居鸫在鸫科鸣禽中的位置一样。他的歌声似乎有一种魔力，总会让人达到一种心醉神迷的境界，并且他的曲子节奏最快、最复杂，这是除了冬鹪鹩之外，林子里其他鸟类无法实现的。虽然与冬鹪鹩相比，他的曲子中没有冬鹪鹩特有的颤音和如同溪流清脆的汩汩声，但是在他的曲子中我们能够听到一种抑扬顿挫、丰满圆润的口哨声，听起来也十分悦耳；而知更鸟的啼鸣在某一点上的效果会更加显著，并且他的声音始终贯穿在整个乐曲之中。他的唱法变幻无穷，曲子的节奏也出奇地快，不知道的人还以为这是两三只鸟儿在同时歌唱呢。他在这里并不是很常见，我只是在与这里相似的林子中发现过他。他的颜色看起来非常独特,就好像将一只褐色的鸟放进一杯美洲商陆果稀释后的果汁中所得到的结果。如果再给他浸染上两三遍,或许他就会变成纯紫色。雌鸟与歌雀相比,颜色大致相同,只是在形体上稍微大一些,嘴也更大一些,尾巴上的分叉也更多一点。

在一块空地上,上面并没有生长灌木丛或者是其他的树木,我走下小溪,当我想要弯腰洗一洗手的时候,从浅滩上飞出来一只暗蓝灰色的小鸟,她拍打着翅膀从我头顶不足 3 英尺的地方飞过,似乎受过很严重的伤,最终她越过草地,飞进了最近的灌木丛中。因为我只是停留在鸟巢边,并没有尾随她,所以她没有特别警惕,只是细声地尖叫着,把雄鸟也唤了过来,这时我才看得更加清楚了一些,原来她是一只带有斑点的加拿大威森莺。有人说这种鸟会将自己的巢穴建筑在地面上,对此我在书籍中并没有找到比较有权威性的说法,然而就在这里我却找到了最权威的证明。这个小巢位于距离溪水不足 2 英尺的浅滩上,看上去并不是十分安全,或许很容易就会受到小野鸭和鹬类的威胁。巢中有两只待哺的雏鸟,还有一只刚生下来的带有斑点的蛋。但是这里有一个非常奇怪的现象,是怎么回事呢?这里面有什么我们不知道的秘密呢?其中的一只雏鸟比另一只大许多,他自己就占去了整个鸟巢的一大半空间。而且嘴巴也比同伴要张得大很多,尽管两者很显然地具有相同的年龄,只是刚孵出不超过一天的样子。哦！我知道了。这是牛鹂最习惯用的把戏，就好像人类一样狡诈。我抓住入侵者的后颈将他提起，尽管带着一丝痛苦，但还是将他扔进了水中，然后看着他赤裸着身子在严寒中颤抖着，顺流而下。我这样的做法残忍吗？然而自然就是如此残忍的。看似是我夺取了一只鸟的性命，但事实上，我却救了两只鸟的性命。否则这个硕大的入侵者就会独占整个巢穴，使本来的两个合法居住者受排挤而死。于是我便出手改变了这种状况，让事情回到原本的轨道上。

一只鸟将它的蛋产在其他鸟类的巢中，从而摆脱自己抚养后代的责任，这一本性在自然界中算得上是一件怪事。可以说牛鹂对这样的做法已经十分纯熟。如果人们仔细地思考他们的数量，就会发现这种小悲剧在经常发生着。在欧洲，杜鹃也有这样的习性，同样地，我们美洲大陆的杜鹃偶尔也会使用这种方法把抚育后代的责任强加给鹟科鸣禽或者是知更鸟。在我看来，对于这件事情牛鹂没有丝毫的愧疚之意，总是将蛋下在一些比自己体形更小的鸟儿的巢中。这样一来，他的蛋就是最先被孵化出来的；当宿主辛辛苦苦找来食物的时候，他的雏鸟也总是抢先一步去吃，自然，他的雏鸟就会生长极快，很快将整个鸟巢占满，于是原本合法的居住者就在他无情的排挤下挨饿受挤，轻而易举地死掉了，之后宿主会将自己亲生子女的尸体运走，然后倾尽所有的爱心和精力来对待这个原本不属于自己的孩子。

如果身边有这样的鸟存在,通常莺科鸣禽以及更小一点的翔食雀是比较常见的受害者。另外,偶尔也会有暗蓝灰色的雪鹀在不经意间受到这样的蒙骗。就在几天以前,在林中的一棵大树上,我就看见过一只黑喉青背林莺的巢中有这种黑黝黝的、大得出奇的弃儿正在享受着专心致志的喂养。我把这一真相讲给一个老农听,他感到十分惊讶。在他的林子中发生这种事情,但是他却全然不知。

每当这个时节,牛鹂是最忙碌的时候,它在林子中来来回回地转悠,一副鬼鬼祟祟的样子,它在寻觅一个合适下蛋的其他鸟类的巢穴。一天,我正在一根原木上坐着休息,忽然看到树丛中有一只牛鹂飞来飞去,时而飞,时而停,然后慢慢地接近地面,它的动作既诡秘又匆忙。就在距离我大约 15 码的地方,它在一处低矮的灌木丛中消失了,很显然,最后飞落到地面上。

过了一会儿,我轻轻地朝着那个方向走去。但没想到的是,我在半路发出了一点轻微的响动。声音惊动了这只牛鹂,它猛然飞了起来,看到我之后,又匆匆忙忙地飞离了林子。到了地方以后,在一条伏地的树枝下,我发现了一个由干草和树叶筑成的简单的鸟巢。从样貌上来看,我判断它应该是一个雀巢。巢中安安稳稳地躺着三枚鸟蛋,另外还有一枚鸟蛋躺在离巢 1 英尺的下方,就好像是从鸟巢中滚落下来一样,而事实上,它的确是滚落出来的。这种状况很容易会让人想到这样的一个情景,当牛鹂看到三枚鸟蛋已经将鸟巢装得满满时,便想方设法把其中的一个合法居住者扔了出去,然后让自己的蛋取代了它的位置。过了几天之后,我再次来到这个鸟巢跟前,这时我发现,又有一枚鸟蛋被扔了出来,但是并没有新的鸟蛋来填补这个空缺,很显然,原先的主人已经遗弃了这个雀巢,就连巢里的鸟蛋也已经全部腐坏了。

据我观察,所有这种借巢下蛋的情况都存在一个一致性的现象,那就是雌、雄牛鹂都会在附近徘徊逗留,雄鸟通常会在树顶上,发出啼鸣,那声音流畅平滑,十分独特。

7月份的时候,雏鸟已经开始在这一地区养育成长,已经变成暗淡的淡黄褐色的雏鸟也开始成群结队地玩耍嬉戏,它们将在秋季成长得更大。

在莺科鸣禽中,带斑点的加拿大威森莺是比较出众的人才,他的歌喉活泼而充满生机,他的啼鸣声听起来有点像金丝雀,但是又不像金丝雀那样完整和连贯。这个时候,这只鸟正在树枝上来回跳动,活跃极了,似乎已经完全沉浸在这悦耳的鸣叫声中,是快乐让他难以安静下来,这些举止也让人格外关注。他有一个很谦逊的习惯,当他发现你以后,会主动地给你行礼,那个

VIREO OLIVACEUS

—— 红眼绿鹃 ——

他总是在不断地欢唱，无论是任何时间、任何地点，也无论是怎样的天气状况。他不像鸫科鸣禽那样害怕炎热，也不像莺科鸣禽那样害怕天气太冷或者是风太大，这个小小的乐手总是在森林深处或者是村庄的果园里演唱，至于时间和地点，完全不是他所关心的事情，他只是陶醉于自己欢乐的音乐中。

VIREO OLIVACEUS

样子好看极了。他拥有高雅的体态和修长的身材,背部的颜色呈铅青色,冠附近的毛又是黑色的。而他的下半身,从脖子以下,毛色都是一种柔和的黄色,只是在胸前有一圈带有黑色斑点的带状物。他的眼睛很漂亮,戴着一副淡黄色的眼圈。

对于我的到来,小鸟的父母感到深深的不安,甚至有些惶恐,他们不停地尖叫着,声音很大,这引起了那些和他们友好相处的邻居们的关注。他们纷纷赶来,想要看看到底发生了什么事情。布莱克伯恩莺和栗胁林莺是一起飞来的。马里兰黄喉林莺从低矮的灌木丛中探出头来偷看着,一副害羞的表情,同时嘴里还发出了"飞扑!飞扑!"的声音。黑色肉冠的黄色林莺只待了一小会儿便飞走了。红眼绿鹛则来来回回不停地飞着,用一种很困惑的眼神来回打量着我。西林绿霸鹟更是直接就飞到了树顶上。尽管大家都来探寻究竟,但最后还是全部飞走了,对于那一对充满忧愁的鸟儿,似乎连一句安慰和鼓励的话都没有留下。我经常会在鸟类中发现这样一种表达同情心的方式——假如它真的是出于同情心而不是出于好奇或者是急于得知他们所共同面临的危险的到来。

一个小时以后,我又来到了这个地方,一切都已经恢复了平静的状态。母鸟安静地待在巢中,看到我向她靠近的时候,她似乎又向里移动了一下。我从她睁得大大的眼睛中可以看出一种无法言明的桀骜不驯,甚至我觉得这种表情是美丽的。她就这样一直在巢中待着,直到我距离她两步远的时候,她才像之前那样扑腾着翅膀飞了起来。尽管抱窝的时间很短暂,但是蛋已经孵化出来了。在没有受到外来者不公平地抢占或推挤的情况下,这两只雏鸟抬起了头。过了一个星期以后,他们很快就能够飞走了。鸟的幼年竟是这样的短暂。就是这样短暂的时间,他们也逃过了这一带的臭鼬、麝香鼠和水貂的威胁,这些危险的家伙就喜欢这些鲜嫩的雏鸟肉。可以说这真是一个奇迹!

　　我向前继续向老巴克皮林的深处走去。一会儿在一条昏暗的羊肠小道上穿行,或者说是在生长着繁茂树木的林间小道上穿行;一会儿又从松软腐朽的原木上走过,或者是从一片荆棘与榛木交织的林子中艰难地穿过;一会儿又走进一个由野樱桃、山毛榉和软槭组成的完备棚架;一会儿又走在一条铺满草的小道上,那白色的是雏菊,金色的是金凤花;一会儿又历尽千辛万苦从齐腰高的灌木丛中走过。

　　"呼!呼!呼!"在离我几步之远的地方,一窝还没有完全发育的皱领松鸡突然就飞了起来,然后向四周散开,躲藏进了低矮的灌木丛中。于是我在蕨类植物和野蔷薇组成的屏风后安静地坐了下来,想要听听这林中的雌松鸡是如何召唤她的一窝孩子的。松鸡这么小怎么就已经会飞了?大自然似乎对鸟类的安全极为重视,将所有的精力都集中在鸟的羽翼上。当鸟的身体还被细细的绒毛覆盖着,丝毫没有羽毛痕迹的时候,翅膀上的羽茎已经伸展出来,并且鸟儿很快就可以向前飞行,这时间短得几乎令人震惊。

这种羽翼生长极快的现象在鸡与火鸡中也同样能够观察到,关于这一点,那些水禽和生活在安全地带的鸟类是不能相比的,他们想要飞行,就必须要等到羽翼丰满才行。没多久前,我在一条小溪边上遇到一只非常漂亮的小滨鹬,它浑身长满了柔软的灰色羽毛,十分敏捷,看上去也就是一两个星期大,但是在身上和翅膀上却看不到羽毛。不过对它来说,羽毛似乎完全是多余的,因为它一头扎进水里,飞快地逃跑了,就好像已经长好了翅膀一样。

听吧!非常柔和的规劝声从灌木丛中响起,"咕咕"地叫着,充满了殷切和热情,听起来极为顺耳,并且只有非常机警的耳朵才能够听到。那呼唤声中,包含着无尽的关爱和柔情,这是母鸟的声音,她在寻找自己的孩子。过了没多久,四面八方的灌木丛中传来微弱胆怯的"耶普"声,这是雏鸟们的应答声。母鸟似乎感觉到周围是安全的,于是"咕咕"声变成了越来越响亮的"咯咯"声,于是这些小家伙们都朝着声音的发源地聚集,我蹑手蹑脚地从藏身的地方走出去,可就是在这一瞬间,所有的声音全部戛然而止，母鸟和雏鸟全部都没了踪迹。

　　皱领松鸡是一种最有特性、最土生土长的鸟儿。在我发现他的地方，林子仿佛也因为他的存在而变得更有魅力。他给森林带来一种居家的感觉，似乎他就是当地林子的主人。如果林子里没有他，总会让人觉得缺少了什么东西，就好像被大自然忽略了一样。而他本身充满活力，极为强壮，非常出色。在我看来，他喜欢冰雪与寒冷，仲冬时节，或许他的羽毛抖动得更加厉害。如果雪下得非常紧，即将会有一场暴风雪来临时，他会很满意地在一个地方栖息，然后等待着大雪将他的身子全部掩埋起来。如果这时候向他靠近，他就会从积雪中突然蹦出来，覆盖在他身上的雪花四处飞扬，然后像炸弹一样"嗡嗡"地叫着飞出林子——真像是一副体现着本地精神与成就的画面。

　　他的鼓点是春天最美妙的声音，也是最受欢迎的。4月份的时候，树木才刚刚冒出新芽，这时他专心致志地扑打翅膀的声音总会在耳畔响起，无论是宁静的清晨，还是夜幕降临的时候。就像你所预料的那样，他不喜欢带有树脂的干枯原木，而是喜欢那种已经腐烂并且正在裂成碎片的原木，尤其是那种几乎与土壤混合在一起的老橡木。如果在附近找不到他十分钟爱的原木，那他就会在岩石上热情地扑打翅膀，让岩石与之产生共鸣。有谁看到过松鸡击打鼓点？这就好像与碰到打瞌睡的黄鼠狼的概率是一样的,如果仔细观察,想方设法去做,总是能够实现的。在原木上,他总是保持直立的姿态,将颈部的毛展开,首先敲两声序曲一样的鼓点,停顿片刻以后再重复,然后鼓点越来越急,直到那声音变成"呼呼"声,并且持续不断。整个曲子持续不到半分钟。这种声音的形成并不是依靠翼尖和原木的碰撞,而是靠拍打空气的力量形成的,就好像飞行时他自己身体形成的那种声音一样。一根原木可以使用很多年,即使是很多鼓手都在使用。原木就好像是某种神殿一般,赢得了鸟儿们很大的尊重。松鸡来到这里的时候总是带有非常严肃的表情,如果演奏的中间没有出现意外的情况,他就会非常肃穆地离去。尽管他的智慧并不是大智,但他还是非常狡猾。如果你想偷偷摸摸地接近他,那是很难实现的,要尝试很多次才能够成功。如果你假装非常匆忙地从他身边经过,并且闹出非常大的动静来,这时,他就会将羽翼收起来,直立地站着,一动不动,让你看个明明白白。如果恰巧你是个猎人,那么他很可能就会被你一枪击中。

老巴克皮林中有很多弯曲着不知道尽头的路,我沿着其中的一条一直前行,这时从低矮灌木丛中传来的响亮而绝妙的颤音吸引了我的注意力。我很快就想到发出这声音的是黄喉林莺。过了不久,这位歌手就跳上了一段干枯的细枝让我看得清清楚楚:头和脖子是铅灰色的,胸前的羽毛几乎是黑色的,背部是清一色的橄榄绿,腹部是黄色的。从他贴近地面,甚至有时还会在地上跳跃的习性来看,我判断他是一只地莺;而鸟类学家又因为它黑色的胸而在他的名字之前加上了一个"哀"字,于是他就成了哀地莺。

这种鸟,威尔逊和奥杜邦都承认——相对来说,他们知道的并不多——这两人都没有看见过他的巢穴,也不知道他经常在什么地方活动以及他们平日里的习性。虽然他的啼鸣声已经非常新奇少见,但是一听他的声音就知道他是莺科鸣禽中的一种。他的性情谨慎、害羞,每次只是飞几英尺远,并且总是将自己藏在你的视线之外。我在这个地方仅仅发现了一对哀地莺。雌鸟的嘴里衔着食物,但是行动却十分谨慎,生怕暴露了她巢的位置。地莺有一个非常显著的共同特征——他们的腿非常漂亮,白皙而纤细,好像总是穿着丝袜和缎鞋一样。高树莺有一双黑色或者是深褐色的腿,羽毛看起来也更加鲜艳,但是相比之下,其音乐才能就更逊色一些。

栗胁林莺属于后一种类型。与其他所有林子一样,他是这片树林中比较常见的鸟。在莺科中,它是最漂亮也是最罕见的一种,胸和喉部是白色的,侧腹呈栗色,而他的冠是黄色的,十分惹人注目。去年,我在高大的山毛榉林间靠近路边的一片矮灌木丛中发现了他的一个巢。牛群每天都在那里吃草,并且从那

SETOPHAGA CAERULESCENS

—— 黑喉蓝背林莺 ——

一支更加悦耳的曲子落入我的耳际，带着纯正的森林韵律，原来这是黑喉蓝背林莺在鸣啾。我曾经在不同的地方遇到他。在纯正的莺科鸣禽中，他的才能是最高的，没有其他莺比得上他。他的歌声朴素平淡，并且纯正而柔和。

SETOPHAGA CAERULESCENS

里经过，一切都非常顺利，直到有一天，一只牛鹂在他的巢里偷偷地下了一个蛋。从此以后，他就接连遭遇到很大的不幸，最后鸟巢都变空了。就在这个季节，雄鸟有一个显著的姿势特点，那就是羽翼稍微下垂，尾巴稍微向上竖起，这就使他看起来像矮脚鸡一样美观。他的演唱非常精彩，并且有些急促，听起来似乎并不是出自他自己的歌喉，而只是大合唱中的一支曲子。

　　一支更加悦耳的曲子落入我的耳际，带着纯正的森林韵律，原来这是黑喉蓝背林莺在鸣啾。我曾经在不同的地方遇到过他。在纯正的莺科鸣禽中，他的才能是最高的，没有其他莺比得上他。他的歌声朴素平淡，并且纯正而柔和。他的歌曲可以用这样的线条来表示：——$\sqrt{}$，前面的两条线代表两声清脆悦耳的音符，音高是一样的，没有强拍；后面是休止符，中间表示音调和音色的变化。雄鸟的喉部和胸部是黑色的，就好像天鹅绒一样华丽，其颊是黄色的，而背部则是黄绿色。

　　在老巴克皮林的另一边是一片混合林，那里生长着很多树种，有铁杉、山毛榉、桦树等，黑喉蓝背林莺懒洋洋的仲夏之歌就是从那一片林子里传来的。"啼，啼，啼——咿——咿"的上滑音，充满了夏季昆虫特有的活力，但是其中也略带一些哀伤的韵律。这是所有林子里最拖拉、最无精打采的曲子。我感觉自己就快要在干树叶上面躺下了。奥杜邦说他从来没有听过黑喉蓝背林莺的情歌,然而这就是他全部的情歌了,也许在他那褐色小情妇的眼里,他就是最为朴实的主角。与他的同类有很大的不同,他不喜欢装腔作势,也不会去做一些引人注目的体操表演。他对于生长着山毛榉和枫树的密林似乎很偏爱,总是在离地面8~10英尺的低枝或者是长得较矮的树中缓缓地飞着,而那支懒洋洋的、无精打采的曲子不断地重复着。他的冠和背部是深蓝色的,喉部和胸部是黑色的,腹部是纯白色的,而两个翅膀上一边有一个白色的斑点。

我到处都能够看到黑白森莺的踪影,他的曲调悦耳动听,像极了毛丝鸟的歌声。毫无疑问,他的歌声是我们听到过的最动听的鸟之歌。在这个方面,任何昆虫的歌都不能与之相匹敌,并且它还十分亲切、柔和,完全没有尖锐的刺耳声。

那不间断的、尖锐的颤鸣声来自孤独的歌绿鹃,如果没有经过仔细辨认,那声音很可能就会被认为是红眼绿鹃的啼叫声。相比之下,歌绿鹃要比红眼绿鹃的体形稍微大一些,也更加罕见一些。他的啼鸣声尽管很大,但是却并没有给人一种轻快的感觉。我看到他在树枝上来来回回地跳动,胸部和侧腹是橘黄色的,眼圈是白色的。

尽管我的这次漫游仅仅探索了这片神圣古老的树林的一小部分,只是对由 40 种鸣禽组成的大合唱中的几位领唱者进行了描述,但是太阳已经西沉,阴影越来越浓重,一切都提醒我是结束的时候了。在老巴克皮林中的一处少有人知道的湿地的一隅,我发现了盛开着的紫兰花,因为人迹罕至,所以并没有遭受到人或畜的践踏,我有些流连忘返,注视着那些将大大小小树木覆盖的地衣和苔藓。它们就好像给每一丛灌木和每一根树枝都披上了节日的盛装,极为华丽。在高高的树顶上,留着长胡须的苔藓为树枝结彩,或者是从树干上往下垂,在空中飘荡摇曳,看起来格外优雅。尽管每一个枝头都点缀了满满的绿意,但是每一根枝条都给人一种百年沧桑的感觉。一株年幼的黄桦看上去显得格外庄严神圣,但是却透露出一种惴惴不安的情绪,或许是因为太早得到这份荣耀的缘故吧。而一棵已经腐朽的铁杉被装点得像是在迎接一个十分隆重的节日一样。

我再一次登上高地,当黄昏的宁静和肃穆悄悄降临在树林的时候,我虔诚地伫立着。这是一天中最美好的时刻。隐居鸫的夜曲从下方袅袅升起,划破了夜晚的深沉与寂静,这时我的心灵正在经历着一种宁静的涤荡,相较之下,那些文学、音乐以及宗教都只不过是一些形式与符号而已,虚弱无力极了。

Fire Crowned
& Common Gold Crest

Chapter 3

阿迪朗达克山脉

1863 年夏天，我去了阿迪朗达克山脉。那个时候，我刚刚开始对鸟类学进行研究，因此具有非常高的热情。我特别想知道的就是，在这些人迹罕至的荒山野岭中到底生活着怎样的鸟类——哪些是我原先就认识的，哪些又是我从前不知道的。

　　人们在对那些遥远偏僻、一望无际的原始森林进行探访的时候，总是希望能够发现一些新奇古怪的东西，或者是一些非常新的事物，但是结果却往往并不能如愿，甚至会给人更多的失望。梭罗曾经三次跋山涉水探访缅因森林，尽管因为他的到来，驯鹿和麋鹿都受到了惊吓，但是除了棕林鸫和绿霸鹟的啼鸣声，他在研究鸟的啼鸣方式方面毫无进展。而我在阿迪朗达克山脉的经历也就不过如此。大多数鸟类都喜欢在定居点和开垦区附近栖息，也就是在这些地方，我看到了很多不同种类的鸟。

刚刚到达开垦区的时候，我在一块开垦的土地上逗留了两三天。这名开垦土地的老猎人名叫休伊特，他也是一位拓荒者。在那里我不仅见到了很多老朋友，同时还认识了一些新朋友。这个地方的雪鸦很多，尤其是在离开乔治湖的那条路上，几乎到处都能看到雪鸦的影子。清晨，我在泉水边洗漱时，一只紫朱雀飞到我的面前，身上似乎还带有清晨的露水。去年冬天，我就曾经看到过这种鸟，那是在哈德逊高地上首次见到的。那是一个寒冷的 2 月的早晨，天气已经连续晴朗了好几天，一群紫朱雀在我房前的那棵树上唱着歌，非常欢快。在紫朱雀的繁育地遇到这种鸟让我感到十分惊喜。就在白天的时候，我还观察到几只松金翅雀，他是一种深褐色或者是带着斑纹的鸟，与常见的金翅雀同出一族，他的生活习性和姿势与金翅雀极为相似。他们在房子周围闲荡着，丝毫没有拘束的感觉，有时甚至会落在距离房子仅仅几英尺的小树上。在那些树桩随处可见的原野上，我看到了一位特别喜爱的朋友——黄昏雀或者是草雀。他在一株已经烧焦的树桩上栖息着，嘴里还衔着食物。然而，有一支我并不熟悉的歌从原野中灌木浓密的地方沿着林子的边界传到我这里来，为此我苦苦思索，想要找到歌的演唱者。歌声在黄昏或者是清晨的时候最能吸引人的关注,但总是极为神秘,并且难以捕捉到。终于,我发现了,那就是白喉雀。在这个地区,这种鸟类很常见。他的歌声悠扬,充满了悲伤的情感,就像是一段很短的轻轻震颤的哨声,但是让人失望的是,仿佛歌声刚刚响起马上就结束了。如果鸟儿能够将序曲中的鸣啭继续唱完,那么他就会在带羽翼的歌手中高居榜首。

在与开垦地相邻的那一片低矮的林子里,有一条鳟鱼畅游的小溪,我在这一带度过了一段非常愉快的时光,寻找到了很多的莺科鸣禽,并加以辨认,有黑喉林莺、带斑点的加拿大威森莺、黄腰林莺和奥杜邦莺等。奥杜邦莺对我来说是一张非常新的面孔,看到他的时候,他正带领着一群雏鸟从溪岸边那片茂密的灌木丛中穿过,那里有特别多的昆虫。

因为当时的时间正好是 8 月,正是鸟儿们换毛的季节,于是能够听到的也是断断续续唱出的简短的乐曲片段。我记得在整个旅程中,我只在波瑞阿斯河畔听到了一只知更鸟的啼鸣,他就像一位老朋友一样呼唤着我的名字。

我们雇用了休伊特的小儿子给我们做向导。在他家里,他只是一个“小弟弟”——他是一个 20 岁的年轻人,是一个完完全全的森林人。从休伊特家开始出发以后,我就匆忙地向林子奔去。这一次我们的目的地是波瑞阿斯河的静水湾,它位于哈德逊河最偏远的支流中的一节又长又深又暗的河段,大约有 6 英里的距离。我在这个地方逗留了两三天,住的地方是一个已经荒废的伐木工人的棚屋,食物就是鱼,然后用工人们留下的旧炉子进行烹煮。在我们停留于此期间,让我感到最骄傲的事情,就是我凭借自己的力量从静水湾中钓到了 6 条非常大的鳟鱼,而向导却无论怎样努力,付出怎样的艰辛,始终没有任何收获。这个地方,看起来好像有鲟鱼的样子,但是现在是夏末,水温比较暖,鱼儿们会躲在深水处,于是鱼钩上的诱饵基本上起不到太大的作用。于是我想要到靠近洞口的深水处找它们。我钓到了一条鲤鱼,然后将它切成约 1 英寸①长的小片,用它们做成饵料,然后把鱼钩沉到静水湾主流的一侧。不超过 20 分钟,我就轻松地钓到了 6 条大鳟鱼,其中有 3 条已经超过了 1 英尺的长度。那些不相信我会钓到鱼的同伴和向导原本只是在对岸看着我,现在他们被我的好运气所触动,纷纷拿起鱼竿,挥向离我较远的地方,后来他们又将鱼竿抛到我的周围,但最终却是一无所获。很快地,我的方法也不再奏效了,但是我的向导还是被我征服了,从那以后,对待我的语气就像是平等的伙伴了。

有一天下午,我们去一个新发现的山洞中探访,这里距离溪

---

① 英制长度单位,1 英寸＝2.54 厘米。

流有两英里的距离。我们在山侧的裂口和缝隙处费尽力气向前蠕动，行进了 100 英尺以后，进入了一段圆顶的巨大通道。那里常年不会有太阳照射。每年的某个季节，这里是不计其数的蝙蝠的居住地。洞里还有其他各种各样的深坑和裂缝，我们只是对其中的一部分进行了探索。在洞中，我们几乎可以随处听见潺潺的流水声，凭借这一点我们知道这里有一条小溪。而山洞中的通道也是小溪终年对山洞侵蚀的结果。这条小溪来自山顶上的一个湖泊，从洞口流出，因此，当你把手伸进溪水里的时候，会感到水是温温的，这一点让我们每一个人都感到非常惊奇。

在这些林子中很少有鸟类出现，在我们的营地上方有一只灰背隼不停地徘徊，另外还经常听到远处有五子雀的尖细的呼叫声，她正带领着自己的孩子从高大的树林中穿过。

第三天，向导提议要带我们到山上的一个湖去看看，顺便可以沿着湖面漂流，去寻找一下鹿。

我们的行程是从一段非常陡峭崎岖的上坡路开始的。经过一个小时艰难的攀缘爬行之后，我们来到一处高地，上面被松林覆盖着。多年以前，这里曾经遭受过伐木工人无情地肆虐，这给我们原本就艰难的前行带来很多障碍。在这片林子中，松树是主要的树木，另外，山毛榉、枫树和桦树也是比较常见的树种。虽然我们背着枪给自己增重不少，但是如果有幸碰到猎物，那枪可是能派上大用场的,一切付出也就值得了。有时候,一只松鸡会嗖地一下从我们跟前飞过,或者会有一只红松鼠受到惊吓慌忙地逃到自己的洞穴中。除此之外,林子里再也没有发现其他的居住者。这里,有一棵巨大的松树特别引人注目,它明显是原先那些高大品种中仅存下来的一棵,生长在山的一侧,傲视着一丛黄桦。

中午,我们到达了一片非常狭长的浅水水域,向导叫它血鹿湖。传说在很多年前,有一头驼鹿就在这里被屠杀了。俯视眼前的这片景色,孤寂而宁静。随着向导的目光,我们发现了一个目标,它正在啃食睡莲的叶子,我们下意识地认为那是一头鹿。正当我们焦急地等待通过它的举动认证它的身份时,它的头抬起来了。真是没有想到,居然是一只巨大的青鹭。当我们向它靠近的时候,它将长长的双翅舒展开来,充满愤怒地飞向了湖对岸的一棵枯树,这情景不仅没有使这里的宁静和孤寂有所缓和,反而更加加深了这种氛围。我们继续往前走,它就在我们前方从一棵树飞到另一棵树上,对于我们对它领地的入侵表示出极大的不满。在塘边,我们还发现了猪笼草。龙胆蓝遍布在整个沙地上,它们举着蓝色的花序含苞待放。

在横渡这个孤寂的湖泊时,我发现自己的内心有些许的变化,似乎存有一种期待,仿佛大自然会在这里给我们揭示一些秘密,再或者是会突然出现一种以前从未见过的珍稀动物。人们在暗中曾经有过这样的想法，那就是怀疑万事在最初的时候总是和水有着某种程度的联系。也许你会注意到，当一个人正在独自散步的时候，他往往会沉浸在某种奇思妙想中，一路上经过的那些池塘、泉源、湖泊，仿佛在不经意间，就会发生一些奇迹。曾经有一次，我走在队伍的最前头，然后在一块很高的岩石上向前望去，好像靠近岸边的水里有什么动静，但是到了那里之后，我们并没有其他的发现，除了一些麝香鼠的痕迹。

经历了重重的艰险之后，我们从这片茂密的森林穿过，在下午 3 点的时候到达了我们的目的地——内特湖。这是一片风景秀丽的水域，就好像是在山坳中镶嵌的一面银镜一样。它的长度大约是 1 英里，宽度大约是半英里，四周环绕着铁杉林、幽暗的香脂冷杉林和松树林。这里同样是一片寂静，就好像我们刚才路过的那个湖一样，拥有着无尽的寂寞。

你所感受到的这种孤寂并不是树木本身带来的。林子中有各种各样的声音，还有一个默默无闻的旅伴，这个时候，你只是一棵正在移动的树。可是你的野性在来到一个山中湖泊面前的时候就已彰显出来。水是柔顺的，它使这一片荒芜的地域显得更加荒凉，就连文化艺术也得以提高。

我们所靠近的那个湖有一端的湖水非常浅，湖底的石头都露出了水面，看起来就好像是夏天的小溪流，并且处处都能看到那些我们想要寻求的珍稀动物的足迹、粪便,甚至是那些已经被啃食过的睡莲。我们休息了半个小时之后打了一些此地上好的青蛙,这可是本地最拿得出手的东西,我们的猎物袋又已经装得满满的了。然后,我们从含树脂的松树林中一个接着一个地穿过,向湖另一端附近的一个营地前行。向导对我们做出保证,等到我们到达那里以后,就一定可以找到一个现成的猎人的小木屋。仅仅走了半个小时以后,我就已经到达了那个地方。这里是如此的热情好客,让人觉得格外赏心悦目,好像林中一切善良与仁慈的影响力都集中在了这个地方。在距离湖大约100码的一片洼地上,我们看见一座小木屋正在向我们招手。但是如果在猎季,住在那里就根本看不到湖面。这个小木屋藏身在一片密林中,环绕它的是铁杉、松树和许许多多的山毛榉,周边是一圈香脂冷杉和枞树。这个简陋的小木屋样式非常新奇,三面都是墙,屋顶是用树皮做成的,屋子的前面有一块岩石和一大堆树枝,看来这里的燃料非常充足。在这里还可以隐隐约约地听到水流的声音,顺着水声去寻找,很快就能看见一条欢快的小溪。苔藓和林中的残枝败叶都飘落在小溪上,看上去这条小溪就好像被新雪覆盖了一样,但是也有像泉眼一样一汪汪的小水面露出来,好像是专门为我们提供方便一样。我注意到有一个女性的名字在原木的光滑处刻着,好像是一个女性的笔迹。向导告诉我们,曾经有一个英国的女艺术家带着一个向导来到这个地区写生。

我们将行李放下以后,烧了开水,首先要做的事情就是看看这里所谓的独木舟的保存情况,因为有了这个独木舟我们才有希望吃到鹿肉。我的这位向导信誓旦旦地说,去年夏天,他曾经把独木舟留在了附近。很快地,我们在一棵已经倒地的铁杉树树顶上找到了它,但是情况不容乐观,独木舟的一端已经裂开了很大一片,还有一道非常可怕的裂缝就在吃水线的地方。不过庆幸的是,如果把它和树顶分开,再用一点点苔藓将裂缝堵上,承载两个人还是可以的,这样就已经足够去实现我们的理想了。这时候,我们需要的是一把船桨和一个防风灯架。在太阳下山前,我们要充分施展自己的木工手艺,完成这两件活计。我们用很快的速度将一棵小黄桦削成了船桨的形状,并且把它打磨得十分光滑,几乎达到了无懈可击的地步。它绝对不是一件临时的代用品,而是一件适合它将要做的精细工作的工具。

防风灯架同样也是速度与技艺的结合。在船头立一根大约3 英尺长的结实木棒,再用一根横杠将它固定结实,让它可以通过一个孔随意地转动。把一大块木片削成一个直径大约为8 或10 英寸的半圆形木片,然后将它放置在支架的顶端,沿着它蒙上一块捣完的新鲜桦树皮,这样就做成了一个粗糙的半圆形平面反光镜,然后在这里边放上 3 根蜡烛,这样一来,简单的防风灯架就算是做好了。用苔藓和树枝铺成船头和船尾的两个座位,船头的座位主要是给射击手使用,船尾的座位是供船桨手使用。晚饭就是青蛙和松鼠,当夜晚来临的时候,我们都因为它给我们带来的机会而激动不已。尽管我对用枪并不是十分熟悉,然而有着一般的技术和热情高涨的我仍被默许为这次行动的射手,如果我们运气不错,或许会真的成功地射杀一头鹿呢。

天完全黑下来之后,我们就开始准备这一趟简短的出航。一切都在预想之中,非常顺利,晚上 10 点左右我们就迫不及待地出发了。我的衣服口袋里装着火柴,这让我非常谨慎,一次又一次地伸手去摸一摸它是否还在,同时我也不断反复操练我的动作,紧紧地握着手中的枪,生怕会出现一丝闪失。我的姿势是在防风灯架前跪着,准备随时听从命令而开枪。夜晚的星空十分清朗,没有月光,四周一片寂静。靠近湖心的时候,微风从西边吹来,我们几乎都感觉不到,就这样悄然无声地滑过水面。向导划船的方式非常灵巧,他并没有让船桨离开水面或者是将水面划破,这样一来,我们的小舟就足够平稳,并且可以匀速前进了,这正是我们想要的效果。这个夜晚是多么宁静啊,似乎耳朵是唯一的感官,主宰着这一片森林与湖水。偶尔小舟会从一棵睡莲上擦过去,然后将身子俯下去,这时你就能够听见船头下那隐约的水声。除了这些之外,周围的一切都是安静的,就好像被施了魔法一样,我们被包围在一个巨大的阴影圈之中。当我们快要达到湖中心的时候,湖面在星光的映衬下泛着微光,那围绕着我们的黑黢黢的森林阴影在水光的反射下更加浓重,成了一道宽宽的、首尾相连的深黑色的环带。它的效果就好像是某个魔法师的作品一样,着实让人感到惊叹。这让我们出现了不真实的感觉,恍若游离在虚幻与现实的边界上,真的已经到了幽灵和阴影的国度。向导手中的船桨到底有怎样的魔力,会将我们带到这样的一个王国!难道是我犯了致命的错误,忘记带上一位靠得住的向导,以至于让黑夜的巫师代替了他的位置?湖水拍打岸边的声音很快将这个魔咒破除了,我转向桨手,十分紧张。"是麝香鼠。"他说,然后继续向湖的对面划去。

在快要靠近湖的另一端的时候,船开始慢慢地调头,我们又默默地划回那一道神奇的环带接头的地方。就好像之前一样,我们仍然能够听见轻微的动静,但是却没有任何猎物出现的征兆,因此,当我们回到出发点时,两手依然空空如也,就好像与出发之前是一样的。

休息了一个小时以后,已经是子夜时分了,我们再一次出发。等待不仅没有让我变得更加迟钝,反而让我变得更加机敏。夜色也愈发深沉。在这个季节,每当临近子夜的时候,天空中总是闪烁着柔和的夜光,亮着几颗巨大的星星。我们的小舟先是划到了那一片奇怪的阴影地,然后又像第一次航行那样缓缓地向前划去。四周依旧是一片沉寂,偶尔,我们的头顶上会有鸟飞过,可以隐约地听到它们扑腾翅膀的声音,一只蝙蝠扇着翅膀急速飞过,一声猫头鹰的叫声划破着一片寂静与孤独。过了没多久,我忽然被岸边的动静所惊起,于是将探寻的目光转向了船尾那一位默默无语的桨手。

我们很快又到达了湖对面,然后调头开始往回返,之前所有的好奇心和兴奋感都开始慢慢地减弱,疲倦之感逐渐产生。船的速度渐渐慢了下来,枪手在座位上打着盹儿。很快,就有动静将我吵醒,向导低声地说:"那儿有一头鹿。"于是我赶紧拿起枪。首先听到的是树枝碎裂的咔嚓声,之后又是某一种动物在浅水中行走的声音。这声音的来源是湖的对面,在我们的营地的另一边。我们加快速度划船,但是依旧是静悄悄的。过了一会儿,我的兴奋感越来越强烈,我看到船缓缓地划向那个方向。这个时候,我就像一个想要打灰松鼠的人,满怀激情,但是当遇到狐狸的时候却忘记了自己带着枪,这种突如其来的状况对于我来说,是一个非常严峻的考验。我突然有一种活动空间狭促的感觉,船身已经再没有可调整的余地了,但是我却似乎总要弄出点动静才肯罢休。"把防风灯架点亮。"一声低语从身后传来。我十分慌张,笨手笨脚地去摸索火柴,结果第一根掉了;第二根又因为划得太快断掉了;第三根终于点燃了,但是却在我着急去放防风支架的过程中早早地熄灭了。我怎么会连一个蜡烛芯都点不着呢!我感觉睡莲正在擦着船底,这就说明我们正在快速地向湖岸靠近。我又试了一次,这一次终于成功了。轻微的动作让火变得更大,一时间,我们面前的水面已经被一大团亮光照亮,但是我们的船依旧在一片漆黑中隐藏着。

这个时候,我已经不再像之前那样紧张了,而是恢复了沉着和冷静,并且也更加敏锐与机警。我已经做好了应对一切意外的准备,就连一点声音也没有。过了一会儿之后,湖岸的树木依稀可以看到了,每一个物体看上去都好像是一头大鹿,就连一块巨大的岩石此时也像是一头跃起的鹿,而那棵躺倒在地上的树的树杈就好像是鹿角一样。

可是,那两个闪烁着的亮点是什么东西呢?真的还需要我告诉读者它们是什么吗?没过多久,一个真正的鹿头的轮廓显现出来了。紧接着是它的颈和肩,最后全身都展露无遗。它在齐膝的水中立着一动不动,目不转睛地盯着我们。刚才,它好像是在低头寻找可以吃的睡莲,很明显,以为那一团亮光是月光在湖面上的倒影呢。"给它一枪。"背后的声音很及时地提醒着我。随着一声枪响,水中传来一阵非常慌乱的脚步声,然后就是仓皇跳入树林的呻吟。"它跑了。"我说。"等一等，"向导回应道，"我会带你过去看看的。"于是独木舟很快划到了岸边，我们以飞快的速度跳下独木舟并且冲了上去。我们将防风灯架高高地举起，借助它微弱的光亮在附近搜寻着。然而闪烁的亮点再一次被我捕捉到，那是在灌木丛的一边。可是，这个家伙可怜极了，已经完全没有打出第二枪的必要了，这是一个非常残酷的画面，那头鹿已经倒在地上，奄奄一息了。可是这个成就显然并不是特别好，因为这头母鹿整个夏季都在为自己的孩子操劳，身体的能量基本上已经耗干了。

这种猎鹿的方式对于动物们来说非常新奇，它们显然已经被吸引或者是感到非常困惑。鹿似乎没有受到任何惊吓，而是因为新奇变得不知所措，更或者是受到了某种魔法的影响。一个好的猎人仅仅把握住鹿意识到恐惧或者是想要逃走这两个时机还远远不够，如果你想要成功，就必须巧妙地在他困惑消失之前，一枪将它击中。

站在岸边观看湖面的景色，也只有惊骇和意外两个词可以来形容。你听不到任何声音，也看不到任何动静，只有那一束光让你越来越感到害怕，就好像有一只来自阴间的巨大的眼睛在盯着你一样，让人毛骨悚然。

根据向导的说法，如果一只鹿受到过相同的惊吓并且能够成功逃脱,下次就绝不会再上当了。上岸之后,它会向同伴们发出一声长长的鼻息作为报警信号,提醒其他动物们危险的存在,同时,听到这类信号的动物们会飞奔而去。

一头鹿被我射杀以后,我又试了试身手,成功地射杀了一只兔子,不,是一只野兔。点燃的篝火和周围睡着的人们将它吸引过来,然后她竟然冒失地跑到我们的中间来。但是当它正在品尝着大树下打开盖子的浓缩牛奶时,一颗子弹将它的脊柱击穿。

早起,对于寄宿在大自然中的人们是一件非常正常的事情,我们之所以会将自己与大地、蓝天隔离开,就是因为我们恋床,否则我们也会去效仿鸟兽早起的习性。对于一个市民来说,每天醒来的时间并不是清晨,而是早饭时间,但是如果他是在野外露营,就可以感受到清晨的空气,也可以闻到空气中清晨的气息,还可以听到它的声音,这就会促使你立马清醒,一跃而起。当同伴呼唤我吃早餐的时候,我们都丝毫没有犹豫地冲向摆放在一棵倒地的树干上的食品,尽管它并不奢侈,但是我们都非常迫切地想要尝尝鹿肉的滋味。不过结果让人很失望,几乎没有人再愿意尝试第二块。因为它不仅黑,而且还有非常浓重的味道。

那一天白天没有风,格外暖和,我们悠闲地到处闲逛,森林是大自然的一部分,能够在其中自由地漫步是一件非常奢侈的事情。她充满神圣,枝繁叶茂,但是又非常醇美,既没有伐木工的砍伐,又没有火烤。每一棵树、每一根枝条,甚至每一片树叶的位置都不变。我们所迈的每一步都踩在苔藓上,那些苔藓看上去就好像覆盖着一切的松软绿雪,这样一来,即使是一块岩石也能成为坐垫,每一块大的岩石就是一张床,眼前的这一切不禁让我赞叹,即使是豪华的古斯堪的那维亚客厅也无法与之媲美,这林子的装潢已经超越了艺术,远远是人工技艺无法实现的。

在一棵松树脚下,一片石松像毯子一样,漫不经心地垂落着,我在这里休息了片刻,感觉十分惬意。醒来之后,发现一群山雀正在讨论着我。没一会儿,三四只略带羞涩的林柳莺也飞来了,它们想要看看是怎样的一个怪物侵入了它们的栖息地。除此之外,我的到来并没有引起其他动物的关注。

在湖畔,我遇见了雪松太平鸟,他是果园中的宝贝儿,但是在这里却被人们误认为是翔食雀,而他也十分配合地履行了后者的职责。仅仅在一个月以前,我还曾看见他在果园和花园里享用着美味的樱桃,但是当三伏天开始的时候,他就开始向湖泊和溪流飞去,参加一些更加具有刺激性的追逐游戏。他从湖畔边的枯树树顶上向四面飞着,在天空中划出一条条美丽的曲线。他上下翻飞着,一会儿冲向高空,一会儿又直落而下,几乎与地面相接触,紧接着又回到自己的栖息地休息片刻,之后再开始新一轮的游戏。

松金翅雀也在这里出现,尽管依旧带着平日一样的不自在,但是却又似乎充满了期待的神情。我在这里也曾经见到过那个漂亮的歌手隐居鸫,但是这时的他好像并不喜欢唱歌,他是我在阿迪朗达克山脉中所见到的唯一一种鸫科鸣禽。我在桑福德湖附近看到过大量的隐居鸫,那里生长着大片山莓和野樱桃,我们遇到一个赶牛回家的小男孩,他说这种鸟叫作"松鸡鸟"。之所以会有这样的名字,想必是因为隐居鸫在受到打扰的时候,发出的叫声就好像松鸡的叫声一样"咯咯咯"的吧。

内特湖中有太阳鱼、鲈鱼,但是就是没有鳟鱼,可能是因为它的水不够澄清,鳟鱼无法在其中生存吧。会不会也有其他的鱼好像鳟鱼一样挑剔,需要在一个绝对和谐和完美的环境中才能够繁衍生息?然而在距离此地大约 1 英里的高地上有一个湖,那里面有鳟鱼,不过湖岸十分陡峭,且有非常多的岩石。

尽管大雨滂沱,但是我们依旧没有停止前进的步伐。在荒野里徒步前进大约 12 英里之后,我们到达了一个叫作下游铁厂的地方,就在通往长湖的路上。如果驾着马车前进,从这里到长湖大概需要一天的时间,我们在这里找到了一家住起来比较舒适的客店,它所提供的住宿和温馨让我们感到格外愉快。在这里有几个定居点,同时还有几个比较好的农场。这里地势较高,可以将马西山印第安隘口的北部以及与其毗连的山脉尽收眼底。然而这样的风景就在我们到达的那个下午和次日早晨被浓雾所封锁了。直到将近中午的时候，风向发生了改变，之前的浓雾才消散，从而展现出眼前壮美的景色。这些山坐落的地方大约离这里有 15 英里，群山连绵不断——马西山、麦金太尔山以及格尔登山，它们真是无愧于阿迪朗达克山脉中王者的称号。这是一副多么壮美的景象啊，就像是风这位换景师将布景上的遮盖物突然揭去，一切生动的景致全部都展现在我们的面前。

我在这里看到了很多种鸟类，有麻雀、黑鹂、孤鹬、加拿大啄木鸟以及数量庞大的蜂鸟。事实上，我在这里看到的蜂鸟数量要比之前我在任何地方看见的都多，他们的叫声几乎没有停止过，叽叽喳喳地叫个不停。

阿迪朗达克炼铁厂现在已经不在了。30 年前，一家在泽西城的公司在阿迪朗达克山河沿岸地段购买了大约 6 万英亩土地，因为那里具有非常丰富的铁矿资源。后来，那一片土地被清理出来，周围建设起了堤坝、道路和熔炉，就这样，制铁厂开始生产了。

我们现在所在的大坝横跨在哈德逊河上，其所积蓄的水往回流去，最终到达位于上游大约 5 英里的桑福德湖中。湖本身的长度大约 6 英里，这样一来，连通起来就形成了一条长度约为

11英里的水道。通过水道勉强可以航行到处于上游的铁厂，并且那个工厂是唯一投入生产的工厂。在下游的工厂，除了还存有大坝的遗迹之外，其他唯一的痕迹就是一道长长的山丘，上面长满了青草，猛地看上去，就好像是一个十分简陋的土方工程。有人对我们说，这里曾经有数百立方米的木料，被加工成统一规格后，堆积在那里方便熔铁炉的使用。

在距离这里大约有 12 英里的上游铁厂，曾经建立了一个村庄，具有相当大的规模，但是现在只剩下一家人，已经完全被废弃了。

前往这个地方就是我们接下来要做的事情。沿着河流，这条道路向前延伸了两三英里，接着是三四个农场，路面高低不平，四周到处都是残败的树木。我们沿着它继续往前走，一直走到了湖畔，然后再沿着湖岸往前走。这是一条用木头在泥地上铺成的路，早已搁置不用很久了，因此行人们在上面行走的时候要格外注意自己的脚下。一路上，我看到了两三只小鹰、一只冠蓝鸦、一只孤独的野鸽子，还有几只披肩鸟。透过树木，湖水时不时地反射出一道道光亮来。我们从摇晃的桥上通过了一些水湾或者入口。一会儿过后，我们开始走过路边早已荒芜的房子。让我印象深刻的是一座并不大的木质房子，门上的合页已经脱落，门只能简单地靠在门框上，窗户上的窗格也只剩下了寥寥几个,就像一些迷茫的眼睛。整个院落和小花园都已经被长势繁茂的梯牧草所覆盖,就连院子中的栅栏也已经腐烂。在湖口,陡峭的湖岸边矗立着一座非常高大的石头建筑,一直延伸到路旁。再向前一点就是一段向东的河谷。我们向前方 1 英里的地方远远地望去,唯一可以看见的是一缕烟从烟囱里缓缓升起。我们继续向前赶路,终于在傍晚的时候到达了这个被遗弃的村庄。一阵狗叫声将主人家全部唤醒,他们到街上查看,然后一直看着我们向他们一步步走近。因为这样的村子几乎很少有人到访,于是我们受到了像老朋友一样的热情接待。

亨特是这个家的一家之长,他是一个一流的美国化的爱尔兰人,他的妻子是苏格兰人。他们两人孕育了五六个孩子,其中有两个女儿已经长大成年,出落成标致、优雅、端庄的年轻女性。她们两人中那个较大的,曾经和自己的姑姑在纽约生活过一个冬天的时间,这就使得她在陌生的年轻男子面前更加忸怩。亨特在一家公司上班,每天的工资是 1 美元,工作职责就是照看这里,以免这里的东西衰落得太快,要让它顺其自然地衰败下去。他居住的是一幢非常宽敞的木房子,拥有数不清的林地和草地。他的谷仓总是囤积满了粮食,并且他还畜养了很多牲畜,种植的农作物也各式各样,但是因为交通并不便利,到最近的市场也有70 英里的路程,因此他们的食物都是自给自足。每年他都会去一次位于尚普兰湖畔的泰孔德罗加购买生活所需的用品。邮局是在 12 英里以外的下游铁厂，一周要投送两次邮件。这里石峰荒凉，方圆 25 英里之内医生、律师和牧师统统没有。整整一个冬天，他们看不到任何一个外来的人。时间就这样流逝了。夏天时，偶尔会有人路过这里，他们要前往印第安隘口或马西山。在这片开垦后的土地上，每年都会有数百吨上好的梯牧草腐烂浪费掉。

夜晚来临之后，我们出了门，在长满杂草的街道上不断地徘徊。这种景象不仅让人感到奇异，同时又充满了一种忧郁之感，地势偏僻再加上满眼荒芜更让人感到格外凄凉。第二天，我们动身前往下一处，这里的一切都让人觉得不可思议。这里的建筑物大概有 30 座，其中绝大多数都是比较小的木屋，屋子上只有一扇门和两扇窗户。屋子前面是一个小小的院落，后面是一个小的菜园子。乡下工业区的工人们通常就住在这样的地方。这里比较豪华的建筑就是一座两层的寄宿公寓，还有一个带有圆屋顶和钟的校舍，其余的都是一些工棚、炼炉和锯木厂。在锯木厂前面，我们看到有一堆堆圆松木，它们已经准备好要被装车运走了，但是现在却都已经腐烂，即使用一根小小的手杖也能轻松地将它们穿透。在附近，一座装满木炭的房子突然就裂开了，里面的木炭全部散落在地上，就这样白白地被浪费掉了。随着时间的推移,炼铁厂也大多碎裂倒塌掉了。校舍还在继续使用着,亨特家的一个女儿每天都会把她的弟弟妹妹召集到这里来继续他们的学业。这个地区的图书馆里可读的书有将近100本,但是大多数都已经被弄得很脏了。

这里人少,基本上没有社交活动,因此这家人都喜欢读书、看报纸,我们就将刊有照片和图画的报纸邮寄给他们,就寄到下游铁厂的邮局,等他们有时间的时候去取。至于这些报纸,家里的每一个人都如饥似渴地读了一遍又一遍。铁矿被开采出来以后,堆积得到处都是,沿路看去全部都是铁矿石。但困难的是,如何把铁从混合物中分离出来。工厂之所以会倒闭,也是因为运输成本的昂贵和某一条铁路的规划最终落空。但是很明显,这片区域将很快被再次开发,所有的障碍也都会被清除。

从目前来看,这个地方还真是值得一去。在那里,我们可以钓鱼、划船、狩猎或者是爬山,一切都非常方便,尤其重要的是晚上还可以有一个非常舒适的住所。很多人去林区并不能完全享受林间的各种乐趣,主要的原因就是饮食不当和缺乏睡眠,如果这两点没有处理好,那么人们就不会有心情去应对各种各样的挑战。

在村庄东北大约半英里外有一个亨德森湖,它的形状弯弯曲曲,有着非常秀丽的风光,四周都是森林环绕。这片水体就掩映在一片绿色之中，与两三个由灰白相间的岩石构成的险峻的岬角相毗邻。无论是从长度还是宽度上看，这个湖都不足 1 英里。湖水十分清澈，还有许多鳟鱼在水里嬉戏。有一条非常大的溪流从印第安隘口注入湖中。

桑福德湖的位置是在村子南边 1 英里的地方，这是一个水面更加宽广、容积更大的湖泊。从湖的某些位置看过去，就能够饱览马西山和印第安隘口峡谷的景色。印第安隘口从外形上看就像是山中的一条大裂缝，其中一侧垂直的灰色山壁有几百英尺高。这个湖中盛产的鱼类为黄鲈鱼和白鲈鱼。通常来说，人们抓到的鱼会有 15 磅的重量。在两个湖中都会有一些野鸭子，或许是一群秋沙鸭，也或许是一群红胸秋沙鸭。那些幼鸭还不会飞，于是我们使劲划船去追逐，遗憾的是，我们的两把船桨根本就不是这些小鸭们的对手，很快他们就逃走了。尽管这样，我们每天来到湖上的时候，还是忍不住想要去追逐，似乎无法抗拒它们的诱惑。因此我们需要很长的时间去克制，让自己的大脑清醒过来，不再做一些徒劳的事情，从而专心钓鱼。

湖东边的土地曾经被火烧过，现在主要的植物有野樱桃和红山莓。这里还有很多披肩鸡，另外加拿大松鸡也是比较常见的种类。我曾经有一次，还不到一个小时的工夫就打到了八只松鸡，并且第八只还是一只老公鸡。当时我的子弹已经全部用完了，于是我就用一块光滑的鹅卵石将他击了下来。那只受伤的家伙好像母鸡受到惊吓一般在灌木丛中乱跑，然后我用一根带有叉的树枝向他叉过去，很快他便停止呼吸死掉了。这个地方的野鸽数量也不容小觑，就连斑纹尖胫鹰这种奇怪的动物也被招来了。一群野鸽落在沼泽地边上的一个枯死的铁杉木上。我从树篱上越过，穿过空地，缓缓地向他们走去。还没等我走几步，那一群就再一次飞起来了，并且急剧盘旋在一个山头上面。就在这个时候，那只鹰又落在了刚才的那棵枯树上。我退回到原来的地方，停留片刻，在选择哪一条路上犹豫不决。就在那一个瞬间，那只鹰一下子冲向天空，然后像一支箭一样冲着我直射而来。我惊讶极了，然而还没有半分钟的时间，他已经距离我的脸不足 50 英尺了，他全速向我冲来，似乎是专门针对我的鼻子而来的。出于对自己的保护，我开了一枪，紧接着，这个大胆的家伙就已经掉到了我的两脚之间，皮开肉绽了。

在阿迪朗达克山脉中，我们并没有看到熊、豹、野猫和狼之类的野兽，同时也没有听到它们咆哮的声音。"咆哮的荒野，"梭罗说道，"很少咆哮，咆哮主要是旅行的人自己所想象的。"亨特说他经常会在雪地上看见熊的足迹，但是却没有见到过真正的布伦熊。至于鹿，无论是哪里，或多或少都是会有的，一位老猎人就声称在这些山上有一头驼鹿。在回来的路上，我们曾经借宿的那家拓荒者向我们讲述了他的一件往事,他曾经有过非常冒险的经历,和一只美洲豹进行了殊死搏斗。他描述得非常详细,包括它尖叫的声音是怎样的,它又是怎样在灌木丛中跟踪他,他又是怎样上的船,然后用步枪对它闪烁的双眼进行怎样致命的一击。就在他讲完整个经过之后,他的妻子从抽屉中拿出了这只美洲豹的脚趾甲,为这段讲述增添了非常显著的戏剧性效果。

在这些探险的过程中,与原始自然进行无声的交流本身就是一种特别的经历,甚至要远远超过钓鱼、打猎、观看壮观的景色或者是其他白天或夜晚的探险。最重要的是我们通过这些山间的溪流和湖泊,真实地感受到了老母亲的脉搏,从而知道她的血管,了解她的健康与活力,以及她如何旁若无人地展现自己。

Fire Crowned
& Common Gold Crest

Chapter 4

鸟 巢

鸟儿们是如此机警，即使集中精力筑巢时也是这样的。我在林中的一片空地上看见一对雪松太平鸟在一棵枯树的树顶上采集苔藓。我跟着他们飞行的方向走，毫不费力就找到了他们筑巢的地方。他们的居所位于浓郁的野樱桃和山毛榉林中的一根细软的枫树树杈上。我非常小心地躲在树底下，一点都不担心这两位工匠的碎片或者他们的工具会一不小心掉下来砸到我。我等待着那对夫妻忙碌完之后归来，但没过一会儿，我就听到了那熟悉的鸣叫。接着，第一个到达的是雌鸟，她毫无警觉地落在了尚未施工完毕的鸟巢上，刚刚收起自己的羽翼就发现了我，于是慌张地扇动着翅膀逃走了。又过了一会，一只雄鸟与雌鸟聚集在一起,他嘴里衔着一簇从附近牧羊场弄到的羊毛,他们一同待在附近的灌木丛里,观察着他们的巢穴。他们的口中依然衔着东西,带着惊恐的表情在那里盘旋,但一直都不靠近鸟巢,直到我离开那个地方伏身在一根原木后面。然后,他们当中的一只不惧危险落在鸟巢上,但仍不放心,还没停稳就又飞走了。接着,他们又一次飞回来,来来回回地进行着窥探侦察。我敢确定,他们一定经过了一次又一次的思考与商量,才开始了小心翼翼的工作。他们的工作速度如此之快,以至于在还不到半个小时的时间里,衔来的羊毛就似乎足够织一个殷实家庭所穿的袜子了——只要找得到合适的细针,还有一双灵巧的手,就相信一定可以织出来。不到一个星期的时间里,雌鸟开始下蛋了——总共下了四枚蛋,每天一个,都是些白中泛紫的颜色,稍微大一点的一只上还可以看到黑色的斑点。她孵化了两个星期,雏鸟破壳而出了。

这种鸟的筑巢时间比美洲金翅雀要早,但比其他的鸟类要晚。我们生活在北部气候带,他的巢很少会在7月份之前修建,不在这个时候筑巢的原因可能与金翅雀一样,是没有办法为雏鸟寻觅到可口的食物吧。

就如同那些常见的鸟类,如蓝鸲、鹪鹩、麻雀、知更鸟、绿霸鹟等,这种鸟会寻找野外偏远的地方来养育他的幼鸟,不过有的时候也会定居在有人烟的地方。我知道，有一个季节，一对雪松太平鸟在一棵苹果树上安了家，而这棵苹果树的树枝与一座房子紧挨着。在刚要搭建鸟巢的前一两天里，我发现这对鸟儿在仔细勘察每一节树枝，雌鸟在前面，雄鸟带着关切的神情跟随着她。很明显，这次由妻子决定了，而且妻子也做到了心中有数。她经过了反反复复的考察终于选中了自己认为的佳地——有一节高枝延伸至房子较低的一侧，她决定就将巢安在这里了。之后，这对鸟儿便为此庆祝，并互相爱抚，接着就结伴去寻找筑巢的材料。筑巢需要的大部分材料是一些棉料作物，而这些作物又生长于偏僻的旷野。从鸟儿的体形而论，鸟巢对他们来说是宽敞而又舒适的，因此鸟巢无论从哪一方面来看，都堪称一流的住所。

还有一次，当我漫步于林中或者闲逛时（因为当时我就明白了，一个人是无法在跑步的过程中阅读到大自然这本书的），被一阵单调的敲击声吸引了，于是，我的注意力集中在了这上面，很明显，它离我只有数十米远的距离。我对自己说："是谁在建房子呢？"根据之前的所见所闻，我猜想，建造房子的就是附近枯橡树顶的那只红头啄木鸟吧。我小心而警惕地向那个方向移动，发现临近腐朽树干的顶部出现了一个圆洞，如同一个 1 英尺半的钻头钻出来的洞，工匠撒下的碎片堆积在树下的地面上。从

BOMBYCILLA CEDRORUM

—————— 雪松太平鸟 ——————

仅仅在一个月以前，我还曾看见他在果园和花园里享用着美味的樱桃，但是当三伏天开始的时候，他就开始向湖泊和溪流飞去，去参加一些更加具有刺激性的追逐游戏。他从湖畔边的枯树树顶上向四面飞着，在天空中划出一条条美丽的曲线。他上下翻飞着，一会儿冲向高空，一会儿又直落而下，几乎与地面相接触，紧接着又回到自己的栖息地休息片刻，之后再开始新一轮的游戏。

BOMBYCILLA CEDRORUM

这棵树这里走了几步,我的脚就踩到了一节干树枝,顿时便发出了一个轻微的咔嚓声,这时,敲击声突然间停了下来,从那个洞里探出了一个红色的脑袋。为了能够让鸟儿尽快恢复工作,我非常努力地保持一动不动的姿势,就连声响都不敢发出,眼睛有酸痛的感觉,但也不敢眨一下,竭尽全力忍耐着,但无论我怎样做,那只鸟儿都不肯再继续工作了,他默不作声地飞至邻近的另一棵树上。让我感到惊讶的是,当他在那棵老树的树心里筑巢时都会提高警惕,可以捕捉到外面很微小的声响。

啄木鸟筑巢时也会使用同种方式,他会选择腐朽的树干凿洞,或者会选择树枝,之后就会将产下来的蛋置于洞底细软的木屑上。尽管这个居所不被称为艺术品——它需要的是力气而非艺术,但是,他们的蛋与雏鸟却可以因此而免遭风雨的侵蚀,也可以防止受到短嘴鸦、松鸡、猫头鹰、鹰等捕食者的侵害。啄木鸟会选择由外至内完全松脆或者枯死已久的朽木来筑巢,从来都不会选择天然的、已经有了洞穴的树木为定居场所。鸟儿筑巢时,首先会先在树干上沿着水平方向啄几英尺;然后按照自己体形大小弄一个非常光滑圆润的凹洞;最后他们就持续往下凿,依照树干与树枝的硬度和雌鸟产蛋的时间的迫切程度,渐渐增加洞身的空间。凿洞时,雄、雌鸟儿会交替上阵。其中的一只鸟儿凿洞,运出木屑并持续了 15 至 20 分钟之后,就会选择一节高枝飞过去,再提高嗓音鸣叫一声。不一会儿,这只鸟的配偶出现了,在紧靠这只鸟儿的身边落下。这对鸟儿拥抱交谈之后,刚刚过来的那个配偶便会进到洞里,而另一只就不见了踪影。

几天以前,我爬上了那只啄木鸟的绒巢,那时它正待在那棵腐朽糖枫的顶端。为了能够尽量避免狂风暴雨的侵蚀,那个直径约为1英寸多的洞的正上方是与主干平行的一节树枝。有了这节树枝的掩护,鸟巢就如同昏暗、斑驳的树皮上的一道阴影,如果在离它几英尺外,根本就难以用肉眼看到。当我靠近鸟巢,幼鸟便开始叽叽喳喳不停地鸣叫,这时他们会认为是母鸟带着食物回来了。但当我伸出手放在他们藏身的那一段树干上时,幼鸟的喧闹声立即停止了,刚刚他们听到的是与平日里不同的吱嘎声与窸窣声,这使他们异常害怕,他们不敢再继续鸣叫了。那个洞大约有15英寸深,为葫芦形,里边经过了精心的装饰,巢壁光滑而整洁,让人眼前一亮。

让我难以忘记的是在卡茨基尔山的支脉——比弗基尔山的一棵半截的老山毛榉树上有一对黄腹啄木鸟喂养子女的情景。在我们林中,黄腹啄木鸟非常罕见,他平日里都喜欢隐居。他外表的漂亮程度仅次于红头啄木鸟。那个时候,我们三个人用了整整一天的时间来找有鳟鱼的湖,在无路的森林里,我有两次都迷失了方向。我们带着疲惫与饥饿坐在一根腐朽了的原木上休

SPHYRAPICUS VARIUS

—— 黄腹啄木鸟 ——

他们的父母嘴里叼着虫子，先后落到巢边，前后时间相差不到一分钟。然后，他们轮番俯下身，而且还不时地以最快的速度瞥一眼四周，确定安全之后，迅速地将头深入洞中。

SPHYRAPICUS VARIUS

息。雏鸟叽叽喳喳地叫,他们的父母也来来回回,这些立马吸引了我的注意力。我发现了鸟巢的入口处,它位于树的东侧,与地面大约有 25 英尺的距离。他们的父母嘴里叼着虫子,先后落到巢边,前后时间相差不到一分钟。然后,他们轮番俯下身,而且还不时地以最快的速度瞥一眼四周,确定安全之后,迅速地将头深入洞中。接着,他便开始犹豫了,似乎在斟酌着应该先喂哪一只张嘴等待的雏鸟呢?之后他便又从洞里飞走了。不到半分钟的时间,雏鸟叽叽喳喳的叫声慢慢变弱,刚刚喂食雏鸟的那只鸟又一次出现了,只不过这次嘴里衔着的是家中无助雏鸟的粪便。他低着头,伸着脑袋慢慢飞走了,就似乎想要尽最大的可能让这令人作呕的东西离自己的羽毛远远的。他飞到了离鸟巢几码远的地方便扔掉了口中的厌恶之物,然后停在一棵树上,用树皮与苔藓擦干净自己的嘴巴——似乎这便是一天所要做的任务——运至巢穴再运出巢穴。我观察了他们一个小时,而与我同行的伙伴则观察着我们四周的地形地貌,所以没有注意到这对鸟儿的工作情况。让人好奇的是,在漆黑拥挤的鸟巢中,雏鸟是否可以按时、按序吃到食物?如果可以,他们是如何做到井井有条的?对于这个话题,鸟类学家们始终都不作答。

　　鸟类拥有这样的习惯,人们并非像首次见到时那样觉得吃惊,并为此而感到奇怪,事实上,这基本上是在陆地上生存的鸟类普遍的一种现象。就拿啄木鸟及其同类，以及翠鸟、岸燕等在地上掘洞居住的鸟类而言，这是它们生存下来不可缺少的条件。如果鸟巢的排泄物不被及时清除而堆积如山的话，必定会给雏鸟带来致命的伤害。

清理鸟巢中的粪便这个问题是不容忽视的，即便鸟类的巢穴造得再简单，不用凿洞，不用钻洞，而是在树枝上或地上筑个浅浅的鸟巢，如知更鸟、鸫类、雀类等，粪便也会由母亲负责清理。当人们看到知更鸟飞离鸟巢时嘴里衔着的东西与之前衔着虫子与樱桃进洞的模样完全不同时，就可以肯定那是她在搬离洞中雏鸟的排泄物。人们还可以看到棕顶雀鸫喂食雏鸟的情景，他们喂完了雏鸟之后会停息片刻，在鸟巢边沿跳来跳去，观察鸟巢里的情况。

毫无疑问，鸟类的这种讲究卫生的本能促成了上述鸟类的行为，尽管当中还有鸟类想要将自己的巢穴隐藏起来进行保密工作的意图。

但燕子与上述通例却有区别，雏鸟的粪便要排放于鸟巢之外。这种方式完全将自己的巢穴暴露了——其实他们并没有隐匿鸟巢的意思，因为他们的鸟巢会建在人们不可靠近的地方。

其他例外的鸟类还有鹰、鸽子与水禽。

返回至正题，当啄木鸟徘徊在鸟巢口时，是我观察他们色彩及斑点的最佳时机。通过我的观察我觉得奥杜邦对雌鸟头部斑点颜色的描绘是错误的，她头部的斑点并非红色。我见过许许多多成双成对的啄木鸟，但却从未见过带红斑的母鸟。

雄鸟已羽翼丰满，因为要做标本，所以我极不情愿地将他击落。第二天，我路过这里时会停留片刻，想要了解下这里的情况。我承认，当我听到失去父亲的雏鸟的哭泣声与看到失去丈夫的母鸟忧伤的神情时，我感到非常惭愧。现如今，母鸟的抚育负担加重了一倍，在孤独的树林里，她匆忙地飞行着。偶然间，她会在一根树干下满怀期许地稍稍停一下，发出一声洪亮的鸣叫。

进入孵化期间，任何鸟类中的雄鸟被捕杀之后，雌鸟就会很快寻找到一个新的伴侣。在特定范围里，总是会有一些落单的雌鸟或雄鸟。正因为这样，才能够让破碎了的婚姻与家庭得以重建。我不记得是威尔逊还是奥杜邦曾经说过有一对鱼鹰或鹗在一棵古老的橡树上筑巢的事情。雄鸟非常勇敢，他保护着自己的伴侣，当有人企图要爬进他们的居所时，他就会用嘴与爪一起攻击侵犯者，当时并不顾及自己的脸与眼睛。侵犯者手中持着大木棒，将这只勇敢的雄鸟击落至地上，然后将他打死。没过几天，他的伴侣就又找到了新的配偶。很明显，继父在保护雏鸟这方面是懈怠的，完全没有生父勇猛，他面临危险时，会躲到自己认为安全的地方,悠闲地盘旋,丝毫都没有要立即进攻的意思。

众所周知,不论是野火鸡还是被驯养的火鸡,他们从开始下蛋,然后孵化,直至养育雏鸟这个阶段,雌火鸡都要与雄火鸡分开。雄火鸡这时候也非常识趣,他会与其他同类的雄性聚在一起,前往他们经常聚集的场所。这样一直到深秋季节,雄火鸡、雌火鸡,老的少的都会立即聚集在一起。如果有人将正在孵化的雌火鸡的蛋抢走,或者去伤害她的雏鸟,她会毫不犹豫地召唤雄火鸡,而雄火鸡听到召唤声后会立即返回。同样的道理,鸭子与其他水禽亦如此。动物繁殖的本能很强,它可以解决平时难以解决的困难。我现在终于想明白了我当时对那只雌啄木鸟造成的孀居日子为什么只是短暂的,机缘巧合让这只失去配偶的雌鸟找到了没有配偶的雄鸟。而当雄鸟面对与雌鸟组成家庭时雌鸟又要照顾一大堆雏鸟的情况,他却一点担忧也没有。

我曾遇到过一只长得很漂亮的雄知更鸟,他一直都在追求一只雌鸟,直至7月中旬他还没有放弃。对于他当时对雌鸟表达的真心实意,我一点都不怀疑。我观察了他们半小时,猜测着,每当到了这个时节,雌鸟早就应该再找第二个配偶了。再看雄鸟,从他鲜丽夺目的羽毛上分析,他倒像是一只没有恋爱经验的鸟儿。当雄鸟一接近雌鸟,雌鸟就会表现出极其厌烦的神情。

他会在雌鸟的周围开始炫耀他那亮丽的羽毛,但雌鸟却无动于衷;其间,雌鸟还会生气地向他扑一下。她飞至地面,他也会跟随,他的嘴巴朝向她的耳边,为她展示自己悦耳、稍微有一点抑制的鸣啭,转而又啄来一条小虫献给她,然后帅气地展翅飞回至树上,在离她较近的枝头上跳跃着,叽叽喳喳,呢喃密语。如果遇到挑衅者,他会毫不犹豫地上前迎战,然后立刻又回到她的身旁。但无论他做什么,雌鸟都没有任何反应——每次都会拒绝他。

结局如何,我在这里无可奉告。因为那位情场高手在自己满腔热血的追求者的跟随下,很快便消失得无影无踪了。现在说出结果也未免有些草率:她之所以会拒绝那位追求者也是出于谨慎小心罢了!

从总体来看,在鸟类中,仿佛女权主义非常盛行,而站在雄鸟的立场来考虑,这又值得表扬了。几乎在所有情况下,在共同利益面前,雌鸟的表现最为积极。她选择了巢址,就会在筑巢的过程中集中精力。一般情况下,对于照管雏鸟,她会比雄鸟付出得更多,更用心;一旦遇到危机,她也表现得最焦虑。曾经,我一连几个小时观察着一窝蓝色蜡嘴雀的雌鸟,她口中衔着蟋蟀或炸蜢一次又一次从就近的草地飞向她筑巢的那棵树。看她的配偶,羽毛鲜丽,落在远处的树上,显得那么悠闲自在,唱着歌,在树枝间找寻快乐。

而在大部分的鸣禽中,雄鸟的外形与色彩、举止与歌喉都格外引人注目。所以,从这方面分析,他是雌鸟的守护神。人们通常会认为雌鸟在孵化期间拥有简陋的着装就是为了能更好地隐匿自己。但这种说法却并不完全被认同,因为有的时候,她的工作经常由雄鸟来替班。用家鸽举例说明。正午时分,人们发现雄鸟会待在巢中。我应该这样来描述雌鸟,她那黯淡或中性的颜色纯属大自然赐予她的安全防范措施,按照物种来分析,她的生命要优于雄鸟的生命。雄鸟当然也有不可推卸的责任,就是在他那短暂的片刻,而雌鸟的职责却不仅仅是在那个片刻,有时要持续数月,短时间内也要持续数天或几个星期。

鸟儿北迁时,雄鸟要提前 8～10 天出发。当进入秋季南返时,雌鸟与幼鸟则要提前 8～10 天出发。

当啄木鸟过完了第一季,不再居住这里的鸟巢或房屋的时候,就会将这些房产"继承"给他们的同族兄弟,山雀、五子雀、北美旋木雀等,这些鸟尤其是五子雀与旋木雀,与啄木鸟科的生活习性相同,但却没有啄木鸟喙的力量,所以不能够为自己凿洞筑巢,住"二手房"是必然的。不过,他们会重新布置巢穴的内部,每一种鸟都会带来不同的、柔软的装修材料。山雀在洞的底部放置了一小块轻柔的毛毡垫,这块垫子似乎出自一位制帽高手,还有可能是众多虫子或毛毛虫的杰作。雌鸟在这块舒适的毛毡垫上产下了六枚带斑点的鸟蛋。

近期,处于一种非常有趣的情景下我发现了这样一种鸟巢:有那么一座高山,在光秃秃的山顶边际生长着一棵野樱桃树,鸟巢就建造在这棵树中。在树的上方还有一堆古老的灰色岩石摇摇欲坠地堆积在那里,或者也可以说那堆岩石看上去如此高耸,一眼就可辨别,经常会有小狐狸在小径上出没。那边的树看上去着实让人有些害怕。那种说不上来的野兽也会隐匿在所有这些偏僻的群山顶峰中,不可名状的野性气息萦绕于山间。站在那个地方,我向下看着地面上飞走的一只红尾鹰的背影。视线一直跟随着他,我还看到了农场、村落、定居点和较远的地方逐渐模糊的其他山脉。

幼鸟父母的出现吸引了我的注意力。他们的嘴里衔着食物,而且脸上还带着愤怒的神情,不过他们的警惕性还是那么高,他们不会轻易暴露自己孩子藏身的那棵树的具体位置。我在附近都潜伏了一个小时了,仍无所获。最后,与我一同到这里的那个聪明而又好奇心重的男子躲藏在一块低悬而又突出的石头下,这块岩石就在藏着鸟窝的那棵树的附近,他潜伏好了之后,我沿着山侧离开了这里。幼鸟躲藏的地方离这儿很近,乍一看那棵枝叶繁茂、布满青苔的矮树上没有干枯或腐朽的树枝,但当我的眼睛被引导至那边时,我发现了一根几英尺长的枯枝,在上面有一个小圆洞。

我利用我的身体重量让树枝摇动,鸟窝里大大小小的鸟儿都被惊动了,他们异常害怕。那根筑着鸟巢的残枝大约有 3 英尺长,洞底紧贴树皮。我用大拇指轻而易举地戳破了树皮。洞中羽毛已经丰满的幼鸟第一次从下方看外面的世界。没过一会儿,当中的一只扯着喉咙尖锐地高叫了一声。他似乎在说,"这个时候我们应该撤离这里",说完就向大门爬去。到达洞口,他观察了一下四周的情况,即使有宏伟壮观的景象展现在他眼前,这个时候他也不为之所动。他在预算方位,因为他要确定他从未经受训练的羽翼要飞多远才可以摆脱险境。经过了短时间的犹豫,伴随着一声响亮的啼鸣声,他飞起来了,飞得还不错,其他小鸟也陆续以最快的速度飞了出去。每一只小鸟在起飞的那一瞬间都异常的兴奋,他们都不屑向那个被遗弃了的、仍然堆着他们粪便的鸟巢致意一下。

通常情况下,鸟类在习性与本能方面具有规律性,但有时也会像人类一样反复无常、变化莫测。例如,你总是不能确定他们到底会在什么地方筑巢,或者是怎样去筑巢。在地上筑巢的鸟儿会定居在一棵矮树上,在树上筑巢的鸟儿会定居在地面上或草丛里。歌雀,一般都会在地上筑巢,但大家都知道,他也会在栅栏的节孔中定居。还有如烟囱雨燕,他曾经非常讨厌烟灰和烟雾,他会将他的巢挂在干草库房的一根椽子上。我的一个朋友曾告诉我,有一对家燕,他们突发奇想,将他们的巢设在绳索的环套里,而这根绳索是从高处一根木栓上垂下来的。他们对自己的窝喜爱有加,所以第二年的时候还以同样的方式筑巢。棕顶雀鸦又名毛鸟,他在棚屋下筑巢,而巢穴又位于一簇干草中,这簇干草是从上面的草堆透过稀松的地板缝隙垂挂下来的。一般情况下,他也会用可以数得清的几根牛尾巴长毛将五六根干草松垮地系在苹果树的树枝上,他为他有这样的窝而满足。具有粗硬羽翼的燕子会将巢穴设在墙壁或老石头堆里,我曾见过知更鸟也在这种地方定居。还有其他鸟儿会在废弃了的老井里筑巢。莺鹪鹩筑巢就比较随便,他可以在任何他能钻进去的洞里筑巢,从一只旧靴子到一个炮弹壳都没有问题。甚至有一次,他们当中的一对儿执意要在某个自吸水泵的泵头上端筑巢,把手上方有缺口,他们从那里进入。水泵每天都在使用,他们的巢穴被毁了十多次。这小可怜蛋的占有欲是那么强,他们精于深谋远虑,当他选择了一棵黄杨树作为他的巢址,并发现这棵黄杨树有两处筑巢地点时,他总会先将一处堵住,以免那些爱找事的邻居迁徙至此。

有些筑巢者的技术稍逊,有的时候不按照常规,居住在其他鸟类的弃巢里。冠蓝鸦就是这样,经常会居住在杜鹃或短嘴鸦的弃巢里;拟八哥天生懒惰,总是会将蛋下在朽枝的洞中;我听说,一只知更鸟的巢被一只杜鹃霸占了,而另一只杜鹃将一只冠蓝鸦逼得无家可归,使其成为流浪者;对于那些大而松散的鸟巢,例如鹗及某些苍鹭的巢,在它们的外围都能看到筑有五六个拟八哥的巢,就如同很多寄生生物一般,或者像奥杜邦所说的,像封建贵族原始宫廷中的家臣。

鸟类在南方气候带繁殖生长时,筑的鸟巢远远比不上在北方气候带的精巧。某些水禽在较为暖和的地带会将蛋随意下在沙滩上或露天处,而在拉布拉多却筑起了巢,并以通常的方式抱窝孵化。在佐治亚州的橙腹拟黄鹂会将巢筑在树的北侧。在东部与中部的州,他却将巢筑于树的南侧或东侧,还要造得更加厚实、暖和。我曾经在南部地区看到过这样一个鸟巢,它是用粗糙的芦苇或蓑衣草编织而成的,从外观上看,有一个个通透的通气孔,很像一个篮子。

很少会有鸟类只对一种筑巢材料情有独钟,但知更鸟是例外。我见过他的一个缺泥的鸟巢,呈环形,是用长长的黑色马鬃编织而成,里面还垫上了一层细而软的黄草,整体看上去给人一种新奇感;还有一个巢的主要材料就是岩石上的苔藓。

在同一个季节,为雏鸟搭建的第二个巢通常都只是将就。随

ICTERUS GALBULA

———— 橙腹拟黄鹂 ————

橙腹拟黄鹂从来都不会想着将他的巢隐匿起来，而是喜欢将其挂在非常高的榆树的摇曳的树枝上。只要那节树枝的高度、位置达到他的标准，并且还能够下垂，那么他就会感到很满足。

ICTERUS GALBULA

着下个季节的到来,也许是雌鸟急于下蛋的缘故吧,鸟儿对于筑巢的事也就只能马马虎虎凑合了。我最近也是偶然想到了这事儿:估计是在 7 月底,我在一片偏僻的草莓地里,恰好遇到了原野春雀的巢。那些里面有蛋的巢远远比不上之前有鸟飞离时的巢那样结实与精巧。

我走进一片树林,观察到一只雄性的靛彩鹀,他每天都栖于一段高枝的同一处,非常活跃地唱着歌。我走近他,他的歌唱便停止了,还用力左右摇晃着他的尾巴,发出尖锐的啼叫声。附近还有一处矮灌木丛,在那里,我发现了那只靛彩鹀为一个物体而感到惴惴不安——那个物体就是主要由枯叶与细草做成的厚实鸟窝,当中还有一只羽毛暗淡的褐色鸟儿。她正在抱窝,在她身子下面有四枚淡蓝色的蛋。

让人感到吃惊的是,有一只鸟竟然离开了貌似安全之地——树顶,随之将自己的巢安在了会行走或爬行的危险物经常出没的地面上。树顶上之所以貌似安全,是因为它处于高端位置,会行走与爬行的危险物无法触及,鸟儿也可以在上面放心歌唱;而在这里,距离地面还不到 3 英尺就是她的蛋,或者是无助的幼鸟。其实,鸟类面临最危险的敌人就是鸟类本身,正因为这样,很多弱小的鸟类才会如此筑巢。

极大一部分鸟类可能会沿着公路进行繁殖。我知道的鸟类有披肩鸡，他就是从茂密的树林里出来，在距离公路不足 10 步远的树根上安了巢。这样，乌鸦、老鹰、臭鼬与狐狸几乎不可能找到它。密林里有一处偏僻的山路，我经过那里的时候曾经多次看到棕色夜鸫栖坐于她的巢上，如此近的距离，近到我一伸手便可抓到她。猛禽是绝对不会信任人类的，所以他们选择的巢址是人们不经常去的地方。

我知道在纽约州内陆有一个地方，在那里的每个季节，我都可以找到一两个灰色雪鸫的鸟巢。鸟巢在靠近公路的长满苔藓低矮河岸的边缘下面，从公路上经过的车辆挥鞭就能抽到它。以至于无论是从这里经过的马、马车或者每位行人都会惊动窝里孵化的鸟儿。由此，当她一听到脚步声或者车轮的辚辚声越来越近时，她就会猛然飞起，几乎是紧贴路面，一直飞到公路对面的灌木丛里。

距离华盛顿城外不足半英里的地方，在大街与时尚主干道旁的行道树上，我发现了 5 种不同鸟类的巢。那是我第一次见，那时我根本没有刻意去观察树叶，都是在不经意间发现的。而在半英里远的一大片林子里，我始终没有找到一个鸟巢。我看到的这 5 种鸟巢，其中最喜欢的还是那个靛彩鸫的巢。奥杜邦在美国路易斯安那州时曾观察过，这种鸟的胆子非常小，喜欢隐居，喜欢躲在偏僻的沼泽地，或者是在有死水大池塘的边缘。但在这个地方,这种鸟筑的巢与地面非常接近。在紧挨着一条大路的一棵高大的美国梧桐树上,他的巢就在最低的一节枝丫中,人们站在马车上或坐在马背上,经过这个地方时只要一伸手就能够到。鸟巢筑在很低的地方,主要材质是报纸碎片与草秆,被一簇类似于梧桐树特点的细枝与叶子紧紧覆盖。我发现它的时候,让我惊奇的是里边还有雏鸟。这时,幼鸟的父母对我在树下晃悠感到十分愤怒,但他们却一点都不在乎川流不息的车流。我有一个疑问,鸟儿是在什么时候筑的巢呢?因为他们筑巢的时候也是最胆怯的时候。毋庸置疑,他们大多都会在清晨时筑巢,这个时候他们不会受到外界的干扰。

还有一对靛彩鹀,他们将巢筑在市区内的一个墓地里了。他们寻找到了一处低矮的灌木丛安放鸟巢。雄鸟的歌唱断断续续,一直到幼鸟做好了飞起来的准备。这种鸟鸣叫时急促而复杂,听起来是颤鸣声,与蓝鹀的歌声相似,但要比他的声音更大、更有力。这两种鸟的外形、颜色、声音、举止与日常的生活习惯都类似,那么如何区分他们呢?要根据体形来分辨,靛彩鹀的体形大约是蓝鹀的两倍,要不然,是很难认出他们的。这两种鸟的雌鸟外表相同,都是红褐色的衣衫,他们的幼鸟在第一个季节亦如此。

当然,在幽谧的原始森林里也有鸟巢。但找到它们却不是一件容易的事。鸟儿们拥有质朴的艺术,其中就包括选择普通与中性色彩的材料，比如干树叶、苔藓、细枝以及各种各样的一些琐碎物品；然后寻找一节便利的树枝，将鸟巢安放在上面，而鸟巢的色彩又与周围的颜色相匹配。这种艺术如此完美，以至于可以将鸟巢巧妙地隐藏起来。我们也是在偶然间才看到它，如果鸟儿们不暴露自己的行迹，我们是找不到鸟巢的。在这个季节里，这两个星期我几乎每天都要到树林里去，但都没有见过这样的鸟巢。直到有一天，我要和鸟儿们说再见了，不经意间才看见了几个这样的鸟巢。在树林茂密的地方有一段古老松脆的树桩，当我经过那里时，看到一只惊慌失措的黑白爬行莺。他飞落至那段树桩，带着尖锐的鸣叫声在树桩两边跑来跑去，然后非常不情愿地离开了它：那个装着三只即将要飞行的幼鸟的巢，就在树桩底下的地面上。它所在的位置太合适了，乍一看，幼鸟的外表颜色与四周的树皮、树枝等的颜色是那么协调。在惊动他们之前我的目光又一次转移至他们身上。他们在鸟巢里相互紧紧依偎，但是，当我将手伸到里面时，他们全都仓皇而逃并高声求救，这便引来了幼鸟的父母，他们几乎已经闯进了我的捕捉范围。那个鸟巢很简单，只是在厚厚的干树叶上铺了一点干草。

在浓密的灌木丛之中，有高大雄伟的铁杉构成的通道，我走在里面，可以看到零星点缀着的小山榉与枫树，它们常年都见不到太阳。我停下脚步，目的就是为了辨别我完全不熟悉的鸟鸣声。直到现在为止,那种声音还回荡在我耳际,毋庸置疑,那声音确确实实是鸟儿的鸣叫声,但我却想到小羔羊的叫声。过了一会,鸟儿们出现了——那是一对孤绿鹃。他们轻盈地飞来飞去,偶尔停一小会儿,雄鸟没有发出一点声音,而雌鸟却发出了柔和而又奇怪的鸣叫声。她像一个柔情少女一般将万般情愫借由森林的方言表达出来。她是那么甜美、自信、欢乐,那么天真烂漫、哀婉动人。没过多久,我就看见这对鸟儿正在一段低树枝上筑巢,而那树枝离我只有几码远的距离。雄鸟飞到那儿的时候非常谨慎,整理了一番之后,他们便一同行动。雄鸟还朝他的女伴不时地叫着,"拉——扶——,拉——扶——",他的声音律动感强,充满了柔情蜜意,余音袅袅。他们的鸟巢与平常的绿鹃巢一样,悬在一节小树枝的枝杈上,里面多处铺着地衣,外面有一层层的、大量的蜘蛛网裹着。这对孤绿鹃根本都不想将自己的巢隐匿起来,因为鸟巢的外表色泽暗淡,与自然生成的暗灰色的林子像极了。

我继续漫步于林中,然后在一片低洼的地方停了下来,这儿高大的树木并不多,恰恰相反,看到的却是一片茂密的次生林——老巴克皮林的植被也是这样的次生林。这时,我正站在一棵高大的枫树旁,这时,一只小鸟以飞快的速度飞离了这棵树,他好像是从树底部的一个洞里飞出来的。这只小鸟飞到离我有几码远的距离停了下来，这时他看上去很不安，叽叽喳喳地叫着，此时，我强烈的好奇心再度被激发了。我看清了她是一只雌哀地莺，与此同时我想到了一个问题，就是这种鸟儿的巢直到现在为止也没有被任何一个博物学家发现——就连布鲁尔博士也还没有见到过她的蛋。我认为，这儿应该有值得我去寻觅的东西。所以，我开始仔细去找，不放过任何一个地方，地面上、树的底部与根部，还有附近的各类灌木丛中，但是都一无所获。我反思是不是自己还没有搞清楚，于是便先退至远处，打算过一段时间再来，据此我就可以得到预警，知道鸟儿飞起来的具体位置，然后可以依计行事。当我再一次返回时，没有费多大的功夫就找到了鸟巢。它在距离枫树只有几英尺的一簇蕨类植物中，距离地面大约有 6 英寸高。那个巢非常大，由草秆与干草铺制而成，内壁由纤细的深褐色根须装饰，鸟巢的洞也很深，以至于正在抱窝的母鸟的背部都深陷到洞沿之下了。

不远处有一棵大树，在其顶部我看见了红尾鹰的巢——它是由细枝与干树枝制成的一个大团。幼鸟都已经飞出来了，但还徘徊在附近不肯离去。我靠近它时，母鸟盘旋在我的头顶上，她野蛮地尖叫着，从声音里可以听出她非常生气。在鸟巢下的地面上，我看到了一团团经常会见到的草地鼠的毛发，还有其他一些东西，令人心生厌恶。

我正要离开树林,我的帽子差一点就蹭到红眼绿鹃的鸟巢,这个鸟巢就像个篮子似的悬挂在山毛榉一处低垂树枝的末梢。如果那只鸟儿在巢里一动不动,我绝对不会看到那个巢的。巢里有三枚鸟儿自己产的蛋,还有一枚牛鹂产的蛋。这枚蛋看上去明显与众不同,它的个头较大。三天之后,我再次来到这里向鸟巢看去,发现只孵化出了一只鸟。那个年幼入侵者至少是其他两枚蛋的四倍,他占的空间极大,与他同巢者都快要被挤得闷死过去了。他本应该与居住在这里的鸟儿吃一样的食物,与他们一同成长,哪怕多吃一点都无所谓。但事实并非如此,他将所有的食物都独吞了,自己存活了下来,这种大自然存在的现象与常理相违背,就像大自然并不认同谨慎与诚实这样朴实的美德一样。野草与寄生虫总是会与这些朴实的美德唱反调,而获胜者总是野草与寄生虫们。

蜂鸟的巢堪称林子里最好的珍宝,如果找到了这样的巢,那肯定是一件值得回忆的大事,仅次于发现一个鹰巢。直到现在我也就是在偶然间遇到过两次。其中一个安了栗子树的一根水平树枝上,还带着一片孤零零的绿色叶子,在它的上方一寸半的位置形成了一个完整的遮篷。当我站在树下时,蜂鸟会满怀恨意地一次次环绕于我耳侧,让我都怀疑自己这样是在入侵他人的私人空间。我的视线随着鸟儿的行迹移动,很快就看到了鸟巢,那个鸟巢还在施工当中。我采取一贯的策略,隐藏于附近,用满足的态度看着小艺术家们展开工作。这只雌鸟完全是自己在筑巢,每间隔 2～3 分钟的时间都会衔着一小簇似棉花一样柔软的东西出现,再飞至鸟巢中,用胸脯作模子,不断整理着带回来的材质。

另一个蜂鸟巢是在山侧的一片密林当中被我发现的。当我从鸟巢的下面经过时恰好惊到了正在抱窝的母鸟,她拍打着翅膀发出的呼呼声引起了我的注意。稍歇片刻之后,庆幸的是透过树叶的缝隙,我看到鸟儿返回到自己的巢中,那个鸟巢看上去像极了一根小树枝上的一个树瘤或赘物。蜂鸟不同于其他鸟类,他不会飞落在巢中,而是直接飞进鸟巢里。他进入鸟巢的速度很快,又很轻巧。巢里有两枚洁白无瑕的蛋,但非常脆弱,也许只有女子的柔荑才能触碰。孵化的过程要持续 10 天左右,过了一个星期之后,幼鸟就可以飞离鸟巢了。

蓝灰鹟鹟的巢是唯一与蜂鸟相似的巢,并且它的整洁程度亦可与之相媲美。它会用同一种方式将巢安在树枝上,只不过一般多多少少都要下垂。鸟巢深而柔软,打底处大部分是一些植物,上面一层铺着柔软的树苔,除了比蜂鸟巢大,其他方面两者几乎没有什么区别。

但是,当我们一离开密林,巢中之冠和最理想化的巢就是橙腹拟黄鹂的巢了,对于这方面,不需要有太多疑问,这种鸟巢是我们首次见到的完美悬挂式鸟巢。事实上,橙腹拟黄鹂的鸟巢基本亦是如此,但这种鸟通常会将自己的巢造得更低、更浅,与绿鹃的筑巢方式很像。

橙腹拟黄鹂从来都不会想着将她的巢隐匿起来,而是喜欢将其挂在非常高的榆树的摇曳的树枝上,只要那节树枝的高度、位置达到她的标准,并且还能够下垂,那么她就会感到很满足。筑这种巢需要很高的技巧,而且花费的时间也要多于其他鸟类。她筑巢时似乎总要寻找一种与亚麻相似的材料,而这种材料又很容易被找到。巢建完了之后,形状看上去像极了一个悬挂着的大葫芦。巢壁很薄,但结实,完全可以抵挡得住狂风暴雨的侵蚀。鸟巢口用的是马尾毛镶边,或者经过反反复复地缝制,一般情况下,周边也经过了反复的缝合。

就像从不刻意地去隐藏自己的鸟巢一样,橙腹拟黄鹂对筑巢的材料选择也不是那么苛刻,无论什么样的绳子或线都可以用。我的一个女性朋友曾告诉我,当她打开窗户在旁边干活时,因为有事需离开一小会,就在这一瞬间,一只橙腹拟黄鹂飞过来,把她那里的一束线与纱抓起来,接着飞向她正在建筑的鸟巢。但是这束线与纱像故意和她作对一样,紧紧地缠绕在树枝上,无论鸟儿使用多大的力气都解不开它,反之,线与纱缠得更紧了。她利用了一整天的时间花费了很大力气想要将线与纱拉扯下来，但最后，她只能姑且安慰自己拿走分开的一小部分。自此之后，她每每看到那些没有撕扯下来的纱线就会心烦意乱。每次经过这儿，她都会带着恨意拉扯着，好像还在说："这些惹人烦的纱线，给我带来了这么大的麻烦。"

文森特·伯纳德（我同样感谢他提供给我一些其他有趣的事实）从宾夕法尼亚州为我寄过来了与黄鹂鸟相关的故事。他曾说，他的一个朋友对这类事非常好奇，当发现鸟儿开始筑巢时，便在有可能成为巢址的地方附近悬挂上几束五颜六色的轻软的精纺毛线，急切的艺术家们很快便开始欣赏起这些挂着的线了。他考虑得很周到，鸟儿在筑巢时几乎用掉了同等数量的优质、色泽鲜丽的精纺毛线。其鸟巢的深度与宽度，都非比寻常。这时人们有可能会问，那么在这之前，单凭鸟儿的灵巧程度是不是也能编织出灵巧绝伦的东西呢？

迄今为止，纳托尔称得上是最有天赋的美国鸟类学家，他讲述了这样一件事：

我用尽心思观察一只雌橙腹拟黄鹂，还将一段 10 或 12 英尺的灯芯移至她的巢里。这些长线与其他一些比较短的线在那个地方悬挂了大概有一个星期，最后还是用来编织鸟巢的侧面。

其他的小鸟也需要同样的材质筑巢,有时也会过来撕扯这些飘零着的线头,这常引得正在忙碌筑巢的橙腹拟黄鹂怒气冲冲地过来干涉。

请允许我再赘言几句,我就稍稍再多说一些这种特别鸟儿的来由,以作为物种本能的一个典范。筑巢时并没有配偶帮助的雌鸟,在一个星期的时间里也筑好了。她在筑巢期间,雄鸟也出现过,但却极少与她做伴,两者之间几乎没有什么交流。她为鸟巢收集纤维材料时,会通过破开、弄断马利筋与木槿的秆,将亚麻纤维收集起来,扯下长线,携带着它们飞向巢址。她的追求看上去是如此急切、匆忙,在采集材料时也显得有所顾虑,而且又很胆怯,当时附近人行道上有三个人在干活,很多的人在游览花园。所以也很佩服她的勇气与毅力。如果有人盯得她很紧,她一贯会使用责备的方式问候一下,对应发出"滋,滋,滋"的啼鸣。也许她再怎样费力思考都不会明白为什么她会在忙碌到无暇顾及其他事情的时候被打扰。

当忙碌不堪的雌鸟到来时,雄鸟会显得异常安静,但我也会情不自禁地观察着这只雌鸟与另外一只,她们接连不断地尖叫着,很明显她们是在争斗。最终,她还是猛地向另一只雌鸟发起攻击,原因是那只雌鸟总是神不知鬼不觉地闯进她筑巢的那棵树中。斗争非常激烈,而且会频频发生。在描述两只雌鸟互相存在敌意的同时,我想起了这附近的那两只漂亮的雄鸟被打死了,因此我推论出另一只抢占鸟巢的雌鸟失去了配偶。然后,这个时候她吸引了那只正在筑巢的雌鸟的配偶,所以这两只雌鸟因嫉妒对方而争吵也让所有人都明白了其中的原因。另一只雌鸟赢得了那个移情别恋的情人的信任之后,就准备在邻近的一棵榆树上筑巢了,她将一些垂悬的细枝捆在一起用来做巢底。那只雄鸟现在与另一只雌鸟结伴,还帮她干活,但却始终还对他原来的伴侣牵挂着。他曾经的伴侣在一个夜晚用一种低沉缠绵、满是柔情的语调呼唤着他,而他也以同样的方式回应着。当他们之间在情意绵绵、互诉衷肠时,突然,另一只雌鸟出现了,可想而知,这是一场激烈的交锋。结果其中一只雌鸟显得格外狂躁,拍打着展开的翅膀,像是受了重伤。再看那只雄鸟,他非常谨慎地保持中立,在战争中没有偏向任何一方,但战斗结束之后就表现出了他应该受到责备的偏心了,他跟着新欢飞走了,在剩下的一整夜里,他原来好斗的配偶只能与孤树相伴。但这种情况不会常伴于这只雌鸟,另一种急切而温柔的关切与爱护迟早会化解或者说最起码可以终止雌鸟之间因争夫问题带来的矛盾。在任何鸟类里都会存在单身主义者,在邻近一带单身汉的帮助下,一夫一妻制合家欢乐的气氛逐渐恢复起来,新的幸福家庭得以重建。

你莫要忘记在山的峭壁下面的那一种鸟巢,这种巢较常见,是绿霸鹟的巢,它并不显眼,周围长满了苔藓——在里边还有四枚珍珠白的蛋——鸟巢其中一面的环境很荒凉,在峭壁上垂悬着。在那些精巧高悬的鸟巢都被描述了之后,像绿霸鹟这种召唤观察者心中快乐情感的鸟巢已为数不多了。它位于寂静的、布有狐狸与狼藏身巢穴的灰岩石上,又恰好是那些野兽不能够到的恰当地点,这个长满青苔的小巢就像是长在那里一样。

　　几乎在每一道山脉的每一处高悬突起的岩石上都有这样的一个鸟巢。前不久,我沿着一条有鳟鱼的溪流逆流向上,到达了一处荒凉的峡谷,在距离一英里的地方数着,一共有五个这样的鸟巢,触手可及,但是绝对可以防止水貂与臭鼬的袭击,同样也不用担心狂风暴雨的侵蚀。我知道我的家乡有一座长着柏树与橡树的山,圆顶,光秃陡峭的前侧面占了山的半周。靠近山顶的地方,并且沿着山的前面与侧面有一道奇特的高岩架,洞穴也异常的多。其中有一层很大,向外延伸,足够让一人或多人直立,而且还可以在下面自由活动。那里的泉水清洌甘甜,空气清新自然而又凉爽舒适。岩架的底部布满了松散的碎石,以前这里经常有印第安人与狼出现,现在还经常有羊与狐狸经过这里,地上随处可以看到它们踏出的脚印。从儿时起,我的快乐时光就是在这一片偏僻寂静的夏日里度过的,或者还躲避过一次突如其来的暴雨。

这里的环境总是那么的清新凉爽,总是会看到菲比霸鹟的长着苔藓的精致小巢!鸟儿总是待在巢里,一直到你离他只有几步之遥,他才会带着不舍离开,然后飞至树枝,不停地摇摆着尾巴,带着焦虑,观察着你的一举一动。自从有人移居至这片乡野,这儿的绿霸鹟的习惯就变得让人匪夷所思,他有的时候会将巢安在桥底,有的时候会安在干草棚里,有的时候也会安在人工建筑物下面,而在这些地方他们无时无刻不受着各种干扰。一旦将巢安放在这些地方,鸟巢就会比平时的粗大。我知道有这么一对鸟儿,他们非常执着,连续几季都将巢安在同一个干草棚下。在草棚的一根几英寸长的支柱上排列着三个这样的鸟巢,这根支柱是用来协助支持草棚的,略微下垂,这便足以证明鸟儿在这里筑巢的年数。巢的底部由泥做成,上层的结构是苔藓,内衬是用毛发与羽毛精心装饰的。尽管每年都需要再筑新巢,但任何东西都比不上这些巢中任意一个内部环境的完美与精致。然而却有三窝鸟连续不断地在这里的巢中被抚养长大。

作为鸟类中的其中一个种类,绿霸鹟在其中堪称最好的筑巢师。美洲食蜂鹟筑的巢从整体上看还是值得表扬的,他筑的巢使用的是各种柔软纯棉材质与羊毛料,他从来都不在乎花费多少功夫与材料,所以他的巢是那么结实与温暖。多数的情况下,绿冠绿霸鹟完完全全是用白橡树的花来筑巢,他筑的巢是那么完美，没有任何缺憾，也没有废屑。一只鸟正在里面抱窝孵蛋，她的大半个身子展现在了巢边；她灵活地转动着自己的头，看上去好似非常自在——这是一种我在其他鸟类中从未见到过的现象。大冠翔食雀的巢中似乎从来都不缺乏蛇皮，有的时候甚至会有三四张蛇皮被缝合在里面。

至于最薄最浅的巢，目前来说，要数斑鸠的巢了。他不走心地将数得清的几根草秆和稻草扔在一块，那么的简单，甚至都不能够阻止鸟蛋从中掉下去或滚落下来。在常见的这些鸟类中，另一个达到极致的是褐矢嘲鸫的巢，他会将一箩筐的材料收集起来用来布置他的鸟巢。还有鱼鹰，他每年都不停息地往巢中添加材料，不断地修补着自己的鸟巢，巢中的铺垫物加起来足足有一马车了。

鹰巢是最罕见的一种鸟巢了，因为鹰在鸟类中非常珍贵。其实，因为鹰很少见，所以其一旦出现就让人很意外。他出现时，人们看他总是好像悬停于半道上似的，其实他早已经飞往某一片遥远而未知的区域了。我尚且年轻时，那一年的 9 月份，我看到了一只尾部具有环纹的鹰。他是一只小金鹰，拥有庞大的身体，羽毛是暗黑色的。看到他时，我不由自主地心生敬畏。两天的时间我都徘徊在群山之间。有一匹两岁的小马、几只小牛犊和六七只羊，它们在通往山上的一道高耸的山脊的草地上吃着草，那里还可以清晰地看到一座房子。第二天，有人曾看到这只暗黑色的王者来回飞翔在牧群的上方。没过多久,他就开始模仿老鹰正要抓小鸡的样子,在它们的上面盘旋。之后,他绷直自己的双腿,为的就是让自己可以缓缓落向这些牧群,他甚至还抓住了小牛的背部,那些牲畜受到了惊吓,便开始四处奔跑。最后,他更加肆意妄为,频繁低扑下来,导致牧群冲破了栅栏。"它们像疯子一般"硬是冲入了那座房子。看上去,这种动机并非是一种带有捕杀的攻击,也许是采用了一种计谋吧,这样就可以将混在一起的牛、马、羊单独分开,目的就是为了捕获那几只羊。当鹰在偶然间落在附近的橡树上时,顿时就可以看到树枝被压得弯曲,并且颤动着。最终,有一个手持步枪的人追捕他了,见此情形,他很识趣地向空中展翅高飞,飞向了南方。过了几年之后,有一年的1月份,另一只鹰又经过了同样的地方,飞落在了离某些动物尸体不远的地上,但只停留了一小会。

鹰的特征就是这样。我们通常会在地球的北部频繁看见金鹰,他会将巢筑于高高的岩石上。有这样的一对金鹰,它们在哈德逊河畔的一个不可接近的岩架上连续筑了8年的巢。同时,据奥杜邦所述,在独立战争期间,有一支小分队的士兵在这条河的河畔发现了一个鹰巢,在与鹰的奇遇中,其中一个士兵还差点丢掉性命。当时,其他战士将那名战士用绳索放下去,为的就是将鹰的蛋或雏鹰搞到手。那时,雌鹰疯狂地发起了猛烈的攻击,无奈中,他拔出刀来自卫。在反击的过程中,他扑了一个空,差点就脱离了系着他的绳索。最终,战友们还是用一根绳子将他拉了上来,让他摆脱了那个危险境地。

按照奥杜邦的说法,白头鹰也会将巢筑在高高的岩石上,而根据威尔逊描述的他在巨蛋港附近遇到的那个鹰巢,却是筑在了一棵大黄松树的树梢上。其构成的材料有大量的莎草、草秆、青草、草皮与芦苇等。高有五六英尺,宽度为四英尺,几乎没有凹面,有的完全没有凹面。这个巢被使用了好多年。并且有人告诉他,鹰已经认为这里是他家了,或者称得上是四季的住所。

在任何情况下,鹰只筑一个巢,但可以被使用很多年,只是或多或少会进行修补。我们经常见到的鸟类亦是如此。从相似的问题来看,鸟儿大体上被划分成五类:第一类,是那些使用补修过或采用前一年鸟巢的鸟,如燕子、鹪鹩、蓝鸲、猫头鹰、鱼鹰、大冠翔食雀、鹰等。第二类,就是在每一个季节都要筑新巢,但在同一个鸟巢里不止一次孵化幼鸟的鸟,较为著名的就是菲比霸鹟。第三类,是那些每孵化一窝幼鸟就要筑一个新巢的鸟,绝大多数的鸟类都属于这种情况。第四类,是自己并不筑巢而使用其他鸟类的弃巢的鸟,但这类鸟的数量极其有限。第五类,就是他们无须筑巢,而是将蛋产在沙滩上的鸟,大部分水禽即如此。

Fire Crowned & Common Gold Crest

Chapter 5

春季在首都观鸟

1863 年秋天，我来到华盛顿生活。除了每年夏天在纽约州的内陆地区度过一个月的时间外，其余的时间我都居住在这里。

来到这里的第二天，我就看见了一件非常奇怪的事情。我在城北树林散步的时候，忽然从地面上飞起一只蚱蜢，它的体形大得有点惊人，最后落在一棵树上。于是我就去追逐它，发现它和鸟儿一样很容易就会受到惊吓，让人很难接近，并且飞行的速度与鸟儿也相差无几。我忽然有一种感觉，好像是进入了蚱蜢王国的国都。而我所遇见的这一只很可能就是这个国都的首领或者是头目，又或者是哪一位伟大而高贵的领袖正在进行户外锻炼。尽管每年秋天我都会遇到几只体形巨大的蚱蜢，它们栖息在树上，但是至今它们没有给我带来一个非常满意的答案。它们的身体大约有 3 英寸那么长，身上带着灰色的斑纹或者是斑点，长得与爬行动物有一些相似。

最让我觉得新奇的还是秋天的气候，这里秋天的天气特别好，阳光明媚灿烂，让人振奋，而且更棒的是这样的好天气会一直持续到 11 月份，并且整个冬天的气候也非常温和，几乎不会使人感到非常寒冷。虽然偶尔气温也会降到零度以下，但是地面上的一切都不会因为严寒而凋零，甚至在一些风雪触及不到的地方依然会保存着植物的生命迹象。只要对它们稍微鼓励一下，它们就会尽力去展现自己。我发现这里一年四季都有野花：12 月盛开的有紫罗兰；1 月的时候你还能看见一棵北美茜草；2 月能够见到的是一种非常像杂草的小植物，它生长在铺着碎石的人行道边缘或者是开垦时间比较长的耕地里，它的花非常微小，你想要凭借肉眼去看清楚则十分困难，必须要使用显微镜才可以。3 月份的时候，你可能看到的就是地钱，它们也许在 3 月的第一个星期就早早地长了出来，让人十分惊奇的是几乎在同一个时间，小青蛙们也开始呱呱地叫了。愚人节那天是杏花开放的日子，而苹果树则在五月节开花。等到 8 月份的时候，母鸡就要孵她的第三窝小鸡了。我有一只 3 月份才孵出来的小母鸡，她要等到 9 月份的时候才能有自己的小家庭。我们的日历是根据气候而安排的。3 月是春季的第一个月份,通常在前 8 天或者是 10 天的时候,人们就会感受到惊人的天气变化。今年(1868 年)的天气变化比较晚一些,直到第 10 天的时候人们才见到非常明显的天气变化。

太阳穿过一团雾气缓缓地升起,好像马上就要与那柔情和暖意一同融化掉了似的,在短短的一两个小时之内,天空中似乎一点动静都没有,只有那低沉的哼鸣声仿佛即将唤醒大地。那些光秃秃的树枝散发着令人充满期待的神色。这时候,你会听到歌雀的第一声鸣啾从附近某一片还没有开荒的公有土地上传来,这个声音是多么亲切,又是多么悦耳,让人很难用语言来形容。过了一会儿,大合唱的声音开始了,悦耳、轻柔,稍稍带有一些压抑之感,但是却格外明显地透露出真正的欢乐与喜悦。知更鸟叫唤着,蓝鸲鸣啭着,草地鹨发出温柔而洪亮的声音,雪鹀叽叽喳喳地叫着。在一片荒芜的田野上,低空中盘旋着一只美洲鸳,之后落到了栅栏的桩上,他将震颤的双翅伸展着,直到站稳才停下来。这是美好的一天,天气舒适,阳光和煦,孕育着新生命。我从边界上走过,越过美瑞迪恩山,沿着那正在逐渐变得干硬的道路前行,那怡人的和煦让我如此心满意足。牛儿低沉的叫声响亮而绵长,眼睛里充满着渴望地注视着远方,我顿时对它们充满了同情。每年春天,我总会萌生一种想要走出去的意愿,甚至有些难以克制,那些迁徙或游牧的本能或者怀旧的心情在我的心里不断地激起波澜。于是我迫不及待地出发了。

在我不断前行的过程中,总会有一阵又一阵金翼啄木鸟的鸣啾声从远处传来,那声音几乎和我在北部地区所听见的没有任何区别。他休息一会之后,又开始下一轮地叫唤。这最早的啼鸣让我充满了向往之情,它们将这时间的寂静轻轻地划破了!

如果人们想要置身于乡间,只要越过华盛顿市的边界就可以实现了,然后在乡间的道路上步行 10 分钟,就可以完成想要置身真正原始森林的愿望。和北部的那些商业大都市不同的地方在于,这个城市并没有过分地扩展并且超越它的界限,于是那没有经过修饰的、充满野性的自然很轻松地就来到了它的门槛,甚至在很多地方已经跨越门槛闯了进来。

我很快就到达了林子里,这里沉寂而荒凉,生命复苏的迹象极其微弱,几乎让人体察不到。但幸运的是,空气中弥散着一种新鲜土地的气息,在树叶底下好像有什么东西颤巍巍地蠕动着。短嘴鸦有时会在棕色的原野上走动,有时会在林子上方啼叫。我在那片灰色的树林中良久地观望,但是却没有丝毫的动静。小池塘边上的那几棵桤木的荑黄花序已经非常明显地膨胀隆起;我将向阳坡面上的枯叶与碎片拨开,下面的地钱才露出一点点毛茸茸的嫩芽儿。但是春潮确实已经来临了!小青蛙的叫声一阵接着一阵，每一个池塘、每一片沼泽都传来它们悦耳高亢的合唱声。朝着它们的一处聚集地望过去，在一片看似静止的水体中我发现了一团团的蛙卵在水底覆盖着。我捞起一大块颤动着的冰凉的胶状物放在手中——跟我同行的年轻人想知道这东西到底能不能用来煮着吃，或者它是否可以代替鸡蛋来食用——这团胶状物十分漂亮，淡淡的乳白色，上面布满了像鸟眼一样的密密麻麻的黑色斑点。刚产下的时候，它们几乎完全是透明的，经过8天或者是10天的孵化，它们渐渐地将周围的胶状物吸收进去，然后小蝌蚪就钻出来了。

在这座城市，在商店的橱窗上还没有来得及考虑展示哪一种新装的时候，春天的使者就到来了，它们是街道两旁的白杨树。经过几天阳光灿烂、微风和煦的三月天之后，你就会突然发现树上的各种变化，树顶早已不再是光秃秃的了。如果天气一直保持温暖，只要一天时间就会让你看到许多奇迹发生。很快，每一棵白杨树都换上了新装，它们披着一件巨大的、有着灰色茸毛的流苏的羽饰，但是绿叶的迹象还没有丝毫表露。到了4月份的第一个星期，那些长长的好像毛毛虫一样的东西就会落满大街小巷和水沟。

短嘴鸦和美洲鸳的到来也标志着春天的来临。他们在城市周边迅速地繁殖起来，毫无忌惮，十分张扬。这里整个冬天都会有很多短嘴鸦，但是并不惹人注目，他们只有在高空中往返于弗吉尼亚森林的冬季营地的时候，才能有极高的关注度。清晨，当人们刚刚能从拂晓的光亮中辨别出他们的身影时，他们就飞来了。他们接二连三地向东边的天空中飞去，一会儿密密麻麻聚集成一大群；一会儿又松松散散，三五只结伴；甚至有时还会单只飞行或者是两三只一起飞，但是无论以怎样的形式飞行，他们始终朝着一个方向，或许他们是要飞往马里兰东部的水域吧。夜幕即将降临的时候，他们开始向城西的波托马克河河畔树木繁茂的高地飞行，同样以之前的方式进行。在春季，这种每天都成群结队大规模的飞行活动就停止了，鸟群解散，群栖地也被放弃了，他们散布在各地，似乎每一个地方的鸟儿都有这样的状况。人们可能会觉得，在食物紧缺的情况下，化整为零的生活、三三两两的组合或者是广泛分布的策略更占优势。这是因为在食物一定的情况下，鸟的数量少，生存的概率就会高一些，如果数量超过正常的比例，那么大家都会有被饿死的危险。然而现实的情况并不理想，尤其是在冬季，只有在特定的区域，如湖畔、河畔或者是海边才能有食物可以享用。

在哈德逊河畔的纽伯格以北几英里的地方，短嘴鸦就以这样的方式飞进他们的冬季营地，早晨开始向南飞行，傍晚时分再返回来。如果遭遇大风天气，他们会紧紧地抱成一团蜷缩在山上，这时候，很容易就会受到那些藏在树后或者是围栏后的学童们的袭击，那些调皮的男孩子会用石头或者是棍棒打他们。而那些落伍的短嘴鸦总是要在黄昏时分才千辛万苦地赶回来，但是往往会因为一路长途跋涉、狂风肆虐而格外疲惫，几乎快要从天空上掉下来。于是每次遇到起风或者是从地面上飞起时，他们都会格外小心。

在华盛顿，只要春天来临，就可以在任何地方看到美洲鹫。他们一会在两三百英尺的高空中自由自在地飞行，一会又降低飞行的高度，从一些空地或者是公共地的上方掠过，因为偶尔地面上会有一只被遗弃的死猪、死狗或者是其他死去的家禽可以充当他们的食物。有时候，你会看见有六七只美洲鹫落在公地上死尸的周围，将它们宽大的黑色翅膀完全伸展开来，互相追逐着，在这个过程中，或许只有一两只美洲鹫会去啄食这只动物的尸体。美洲鹫的翅膀非常大，但是并不笨重，相反却非常灵活，当他们在地面上的时候，只要轻轻地动一下翅膀，就能立刻起飞，冲向天空。另外，他们在天空中的飞行也十分壮美，看起来像极了我们平常见的鸡鹰或者是红尾鹰。他们的飞行一样沉着、轻松、漫无止境，也一样能够大幅度盘旋升空。除了体形大小和色彩方面的差别之外，他们的翅膀和尾翼的形状以及在天空中具有的所有飞翔技能，几乎都与前面所提到的鹰相同。人们经常会看到这样的一个画面,十几只美洲鹫同时在高空中绕圈盘旋着,充满了悠闲自在的感觉,或许这就是他们自己的娱乐吧。

但是相对于鹰来说,美洲鹫并不是十分活跃的,也没有非常高的警惕性。他们从来不会在空中俯冲与翻跃,不会去依靠翅膀在空中平衡悬停,也不会从天而降,对准他们的猎物直接扑去。与鹰相比,他们似乎永远都没有敌人。短嘴鸦会与鹰进行搏斗,还会和食蜂鹟与拟八哥打架,但是无论哪一种鸟都不去理会美洲鹫。好像他永远不会激起鸟类的敌意一样,之所以会是这样的情形,是因为美洲鹫从来不会去骚扰别人。短嘴鸦对鹰有着很深的积怨,其原因就是鹰总是会抢占短嘴鸦的巢穴,并将其幼鸟夺走。同样的,极乐鸟对鹰的敌意也是出于这样的原因,从这一点来说,美洲鹫就非常好,他从来不会去袭击活的猎物,如果有腐肉可以食用的话,他们绝对不会去吃鲜肉。

在 5 月时,美洲鹫就像短嘴鸦一样几乎在突然间就全部消失了。人们不知道他们的去向,或许他们是飞往靠近海岸边的繁殖地了吧。这个时候,雄鸟会不会离开雌鸟独自飞走呢?无论怎样,7 月份的时候,我在洛克溪畔的林子里发现了许多正栖息在这里的美洲鹫,那里离城市的边界大约只有 1 英里的距离。因为在附近一带并没有看见他们的巢穴,所以,我猜想他们很可能都是雄鸟吧。有一次,我正在专心地观察着一只松鼠的窝,碰巧在林子中耽搁的时间有点久。日落以后,三三两两的美洲鹭开始飞落在我身边的树上。过了没多久,一大批美洲鹭从同一个方向飞过来,在林子的上方扇打着翅膀,然后落在树间的枝干上。每一只美洲鹭飞落下来的时候,鼻腔里都会发出一种很响的声音,就好像一头笨重的牛在轰然倒地的一瞬间所发出的声音。这也是我唯一听到过的美洲鹭发出的声音。然后,他们就好像火鸡一样把自己的身躯伸展开来,并且在树枝中走动。有时候,在一阵羽翅的拍扇声中,他们又找到了新的栖息点。美洲鹭仍然在源源不断地飞来,直到天完全黑了以后才停止。我身边的树上几乎全部落满了美洲鹭,这让我开始有一点紧张,但是我仍然停留在原地没有移动。当天完全黑透的时候,周围的一切都陷于沉寂,我收集起了一大堆干燥的枯树叶,然后用火柴将它们全部点燃,我这样做,就是想看看这些美洲鹭会对火做出怎样的反应。刚开始的时候,一丁点儿的声音都没有,但是当这些树叶燃烧旺盛、火焰极高的时候,每一只美洲鹭都受到了惊吓,一时间树林里一片混乱喧嚣,这让我感觉树都快要倒塌下来压在我的身上了。很快树林里就恢复了之前的寂静,而那一大群令人生厌的鸟早已消失在茫茫的夜色中。

我在波托马克河的大瀑布周围看见许多飞来飞去的美洲鹭

时,大约是 6 月 1 日。

深冬时节,我在这里经常会不经意地看到美洲鹭,下面的这段文字就是我 2 月 4 日日记中的一个片段:

我在群山和树林之间长途跋涉,朝着首都正北方向走了 3 英里的路程。那里气温寒冷刺骨,地面光秃秃的。在郊区,在那些爱尔兰人以及黑人的小木屋周围,有一群鸟突然飞来了,他们就像我们北方的雪鹀一样,在到处寻觅食物。他们时而会发出忧郁而尖锐的叫声,充满着不愉快的意味。我后来才知道,这种鸟就是角百灵,这是我第一次见到这种鸟。他们行走的姿态完全符合所有百灵科鸟类的特征。与雀科鸣禽相比,他们的体形要稍微大一些,胸部上会有一个黑色的斑点,而下部会有很多白色的斑点。当我向他们走近的时候,那些离我比较近的鸟儿并没有突然飞走,而是停下来,半蹲着身体,用疑惑的眼光上下仔细地打量着我。过了不久,我的胳膊轻轻地动了一下,他们就都飞走了,那飞行的姿势和雪鹀毫无二致,同时也露出了一样的白色羽毛。(从那一次以后,我发现角百灵是这里 2 月及 3 月间的常客,但这个时候也是他们惨遭厄运的时候,因为常常会遭到诱捕猎杀,并被带到市场上出售。在一场大雪中,我在城里的一个大商品菜园中看到许多角百灵在草丛中寻觅草籽作为食物。)继续向前走去,路边的风景更加迷人。沿着泰伯河东支流的一条小溪往前走,溪水两岸的荆棘与灌木丛长势繁茂,一片青翠。到处都是鸟雀在蹦蹦跳跳,在那些弯曲的带刺的枝条上飞过。在边界的另一边的松树丛中,一些北美的金翅雀正在啄食松果,他们穿着灰色的冬装,样子甚是可爱。一只金冠戴菊鸟披着一小缕灰色的羽毛也在那里,他像一个精灵一样蹦来蹦去,一刻也不曾停下来。难道那些老松树上所提供的食物也是他的最爱吗?再往前走,在一些低矮的丛林中就可以看见许多雀科鸣禽,如白冠雀、白喉雀、歌雀、狐雀、加拿大雀、沼泽雀,他们全部都聚集在这个温暖又没有危险的地方。让我吃惊的是,我在这里居然看到了红眼雀和黄腰林莺。紫朱雀也同样在这里,另外还有北美旋木雀和皇苇鹪鹩。在地势更高更冷的林子中,我并没有看见鸟的影子。太阳落山的时候,在回去的路上,我穿过一座山丘,这里可以俯瞰整个城市,就在东山腰上,我看到许多草雀和黄昏雀,这让我感到格外惊喜——这些鸟和我父亲的牧场一起永驻在我的心中。他们在我的前面跑着,一会儿轻快地移动着步伐,一会儿又躲闪地行走在低矮的残株中,就好像我在童年时代所见过的一样。

一个月之后,3 月 4 日的日记中有这样的记录:

在令人难忘的林肯总统第二次就职典礼之后,我在这个季节的第一次旅行开始了。当天下午天气晴朗,阳光和煦——真正的春天终于来到了,尽管林子里的风仍然像狮子一样吼叫着。让人觉得非常新奇的是,在距离白宫还不足两英里的地方,竟然有一个樵夫在砍柴,他长相淳朴,仿佛从来都没有经历过总统就职仪式一样。在一棵空心的老树树洞里,几条小狗正舒服地窝在那里。他告诉我这些狗崽的妈妈是一条野狗。我突然想到了在洛克溪对岸遇见过的那条野狗,它貌似极度悲伤地来回奔跑着,充满了恐惧,并且高声地号叫着,对正在保持水位上涨状态的河流对岸望眼欲穿,它实在是个可怜的家伙,它没有勇气游过去。这一天,我第一次听到加拿大雀的歌声,曲调悦耳轻柔,几乎是用非常悦耳的颤音唱出来的。我看到一只小蝴蝶,就好像天鹅绒似的黑色,翅膀上还镶着一道黄边。暖阳高高地照着,我在堤岸下发现了两朵北美茜草的花,听到了雨蛙的叫声,还看到青蛙在松树溪附近产卵。

　　最早出现在华盛顿的那些鸟儿中就有拟八哥。过了3月1日,他可能随时会飞来。这些鸟儿往往会聚集成一个很大的群体,他们经常出现在公园里或者是小树林里,轮番飞翔在树的顶部,整个天空中都充斥着他们喳喳喳的叫声。当他们想要寻觅食物而飞落到地面上的时候,他们的外衣在阳光的照耀下更显得漆黑发亮。很明显,在这个季节中,几乎每一种鸟儿的心中都会藏着一支乐曲,但是他却无法把这首歌唱出来,他发音很难,因此啼叫的时候总会让人觉得像得了重感冒一样。然而初春的一个下午,阳光明媚,他们成群的和声从远处传来,效果也还算让人满意。天空中噼里啪啦的响声喷涌而出,略带着乐感,强烈地刺激着人们的感官。

在城市周围所有的公园以及绿地上几乎都能看见拟八哥的身影。尤其是在白宫附近的树上,拟八哥的数量好像更多。他们生在这里,长在这里,同时也向这里其他的鸟类挑起战斗。有一天,财政部西楼某办公室的员工们被一个猛然撞击玻璃窗的物体吸引了注意力。他们抬起头来一看,一只拟八哥正悬在离窗户几英尺的半空中;而宽大的石头窗台上,一只紫朱雀正蜷缩成一团瑟瑟发抖。很明显,这是一个小悲剧。拟八哥拼命地追逐这只可怜的紫朱雀,而紫朱雀充满绝望地想要进入财政部躲避灾难,于是就撞上了厚厚的玻璃窗,然而紫朱雀冲力太大,以至于这个可怜的家伙当场殒命了。对于这位追捕者来说,眼前突如其来的这一幕让他格外震惊,于是在半空中盘旋了许久,好像是在对发生的事情进行最后的确认一样,紧接着就飞走了。

当鸟类面对其天敌毁灭性的伤害时,由于恐惧而向人类求助,这种情况也并不是非常少见。我居住在乡村的时候,曾经有一次是 10 月的某一天中午,当我走进房间的时候,看到了非常惊奇的一幕,一只鹌鹑正在我的床上栖息着。看见我进来以后,这只惊恐的鸟儿立刻向敞开的窗户飞去,显然刚才他是受到鹰的追逐才飞进来的。

拟八哥有着其原型短嘴鸦那种生来就具有的狡诈。财政部大楼的内院中有一个喷泉,附近生长着几棵树。每到盛夏的时候,拟八哥就更加猖狂,竟然敢私自进入这个内院。对于其鲁莽的行为,人们最直接的回应就是将各种食物碎片从周围的窗户中投下,如果这些食物中有啄不动的干硬面包的碎屑,他们就会将其扔进水里泡软,然后再叼出来吃掉。

他们的巢是用泥巴和粗糙的树枝筑成的,筑巢是一项复杂而艰巨的任务,但这似乎全部落在了雌鸟的身上。连着好几个上午,太阳刚刚从地平线上升起,我去花园中除草,这时头顶上就有一对拟八哥来来回回地飞。他们飞向大约半英里之外的地方,越飞越远,最后消失在首都周围的树丛中。在他们返回来的时候,那些筑巢用的材料总是在雌鸟的口中衔着,而雄鸟的嘴里却是空空如也,就好像雄鸟是雌鸟的护卫一样,在她的上方不远处的前方飞行着,并不时地发出一些刺耳嘶哑的声音。我顺手拿起一个土块向他们掷去,雌鸟感到非常恐慌,连忙将口中的泥巴丢掉,跟着雄鸟一起匆忙逃走了,样子看起来十分狼狈。后来他们好像报复一样偷吃我的樱桃。

然而,就好像在北方一样,樱桃最大的天敌就是雪松太平鸟,它也被称作"樱桃鸟"。他们具有非常强大的侦察力,在樱桃还没有结果之前,就已经在樱桃树的周围旋转徘徊了。他们有时会三五成群地在高空中盘旋着,发出极为悦耳的啼鸣声,有时也会快速地钻进远处的树顶中。时间一天天过去,他们每天都会接近樱桃树,对樱桃的成长情况进行侦察。当樱桃还是青果的时候,随着向着阳光的一面逐渐变红,他们早已经将果实啄得伤痕累累。最开始的时候,他们还有一些忌惮,总是从房子的侧面接近樱桃树,三两只快速地钻进树枝中,大群的鸟则藏在不远处的绿荫树中。他们掠夺食物也有时间之分,通常黎明时分和阴雨天是他们喜欢的时间。随着樱桃逐渐成熟,果实变得越来越甜,他们的胆子也越来越大,简直到了肆无忌惮的地步,只好逼迫你先是用草结去砸这些鸟儿,然后又换作石子,否则你全部的果实都将被他们掠夺而去。到了 6 月份的时候,鸟儿们都不见了,他们已经飞往北方去寻找甜美的樱桃果实了。到了 7 月份,他们已经在那里的雪松林以及果园筑巢了。

夏季,这里的常住者(或许应该说是城市居住者,因为他们在城市中的数量要远远大于在城区外的数量)中,黄林莺和夏金翅雀最为明显。黄林莺大约在 4 月中旬的时候就会来到这里，并且银白杨似乎对他们有着一种特殊的吸引力。每天，他那尖细刺耳的啼鸣声都充斥着每一条街道。在筑巢的时候，雌鸟总是最忙碌的，她在院子里来回飞行，不断地啄着晾衣绳，从而获得更多的丝线，然后把收集来的这些丝线全部织进自己的巢里。

从 4 月 1 日到 4 月中旬，燕子们开始陆陆续续地飞到华盛顿。他们在飞行的路上总是叽叽喳喳地叫着，丝毫没有懈怠，对此，每一个新英格兰地区的男孩都非常熟悉。首先我们听到的是家燕的啼鸣声，之后一两天听到的尖叫声则来自崖燕。烟囱雨燕，也被称作褐雨燕，也很快跟着飞来了，他们大多数一整个季节都会留在这里。4 月份，紫崖燕在飞往北方的途中路经这里，到了七八月份的时候，他们开始从北方返回南方，这时也会携带着子女在这里再次露面。

首都华盛顿位于一片树木繁茂、尚未开垦或者是半开垦的乡下，同时其自身的土地也格外空旷，有着大面积的政府保留用地和很多公园，这也是不计其数的鸟儿随着季节的变化飞向这里的原因。稀有的莺科鸣禽，如棕榈林莺、栗胁林莺以及黑顶白颊林莺在 5 月份飞往北方时路过这里休息，并且会在市中心捕捉虫子吃。

我曾经在白宫附近的树丛中听到过棕色夜鸫的啼鸣声，那是一个 4 月阴雨天的早晨,时间大约是 6 点钟,他飞到我花园中的一棵梨树上歇息,然后就将自己圆润柔和的长笛吹响了。那曲调奔放、悦耳,听起来就好像是他们 6 月间在我们北部森林深处所演奏的一样。一两天以后,也就是在同一棵梨树上,我听到了红冠鹟鹟的叫声,或是红冠戴菊鸟的叫声,这是我第一次听到他的啼鸣——无论是韵律还是节奏,都与鹟鹟类鸟儿的啼鸣是一样的,但是相比起来又比我所熟悉的那些其他鹟鹟的歌声更加悦耳动听。他的歌声是以圆润悦耳、尖细的啼鸣声开始的,紧接着升高到一种持续的深沉而圆润的颤音——总之,这首乐曲极为悦耳动听。唱歌者一边像蜜蜂一样忙碌着,一边唱着歌曲,捉虫子也充满了乐趣。很明显,这首曲子可以说是鸟类中最为优美动听的音乐了。因此当奥杜邦在拉布拉多的荒野中第一次听到红冠鹟鹟的歌声后,便对其倾尽所有的热情,现在看来,这丝毫都不为过。而戴菊鸟与鹟鹟的歌声是一脉相承的。

国会大厦的庭院里生长着众多的树木,并且种类非常多,因此这里吸引了各种各样的鸟类前来栖息。尤其是大厦后面的那片宽阔的场地吸引力更强,这是一个非常和缓的斜坡,树木繁茂,不仅温暖,同时还能够很好地藏身。早春的时候,我来到这里时,就听见了灰嘲鸫、知更鸟、拟八哥以及鹟鹟等各种鸟儿的鸣啾声。3 月的时候,经常能够看到白喉雀和白冠雀在花圃上跳来跳去的情景,有时他们还会调皮地从常青树中向外面张望。知更鸟在草地上放肆地蹦跳着,丝毫不理会看护人在草地上竖起的字体醒目的警告标志。他那洪亮的、发自内心的欢乐之歌不时地从树顶上传来,尤其是在太阳落山的时候更为活跃。

果园金莺和食蜂鹟一整个季节都待在这里,并且在树顶上繁育他们的后代。果园金莺喜欢唱歌,整个上午都会听到他洪亮低沉、连绵不绝的歌声。有些鸟的歌喉与红衣主教雀极为相似——强烈有力、激情高亢、洪亮。这些特征也是唐纳雀、果园金莺以及各种蜡嘴雀所共同拥有的。然而有一些鸟儿的啼鸣声并没有让人感到喧闹,例如某种鹀科鸣禽的啼叫声反而会让人想到蓝天般的宁静。

2月份时,狐色带鹀的啼鸣声会从史密森学会的庭院中传出。那是一首口哨曲,声音洪亮而圆润,是我听到过的雀科鸣禽中最优美的曲调。

5月的时候,你可以听见一种奇妙而又迷人的声音。当你在柔和的晨曦中行走时,就会突然听到从某一个神秘的角落传来食米鸟美妙动听的歌声。这欢快优美的曲调是从20多个歌喉同时迸发出来的,尽管短暂,却兴高采烈。等到歌声戛然而止时,周围又陷入一片沉静。那声音听起来给人一种遥远陌生的感觉,让人不禁为之神往。过了没一会儿,你就会发现这歌声来自空中,而那一群快乐歌唱的鸟儿正向北方飞去。他们的歌声中充满了希望,似乎他们已经闻到了远方卓原的芳香味道。

食米鸟通常不会在首都华盛顿繁衍后代,他们只是在路途中经过这里暂住一段时间罢了。白天他们在城北的草地上觅食。如果春天来得较晚,那么他们会在这里生活 7～10 天,每天高声地歌唱,丝毫没有拘束之感。他们成群结队地出去觅食,仔细地搜索着每一英寸的地面,过一会儿之后就伸展翅膀起飞,在天空中盘旋,或是飞落到树顶上,将他们心中的快乐全部倾诉出来,使得整个天空都充满欢乐的乐章。

他们不断地从这里经过,白天出去觅食,夜晚飞行,直到 5 月中旬的时候才完全结束。9 月的时候,他们的数量急剧增长,并且也开始踏上归途。我最开始知道他们回来了是通过他们夜间飞过城区时所发出的叫声。某天夜晚,那声音特别引人关注。我半夜醒来,在床上躺着,窗户敞开着,这时他们的啼鸣声就隐隐约约地传来。大约同一个时间,莺科鸣禽也开始踏上归途,至于这一点,我是从他们的胆怯的"哑噗""哑噗"的叫声中知道的。在那些天色昏暗、云朵弥漫的夜晚,鸟儿们很容易就会被城市上方的万家灯火所迷惑,以至于彷徨失措。

春季再次到来的时候,各种奇妙的事情仍然在不断地重复着,但能够被辨别出来的鸟叫声却是极少的。而我只能辨认出食米鸟、雪鹀以及莺的叫声。在5月上旬的某两个夜晚,我十分清楚地听出了矶鹬的啼鸣声。

6月,在这里的草地上人们通常看见的是黑喉鹀而并非食米鸟。这种鸟与雀科鸣禽的关系十分密切,尽管他的乐感不是很好,但他却是一个十分执着的歌者。他在路边的篱笆或树上栖息着,伸展着尾翼,发出了刺耳的曲调,对它的音调大致上可以这样来进行表述:"啡嘶噗、啡嘶噗、飞、飞。"就好像与初夏有关的所有鸟鸣声一样,他并没有受到自己音乐天赋的约束,很快就把人们的注意力吸引过来。

在城区的外面,洛克溪地带是漫步者和大自然爱好者最关注的地方。洛克溪是一条较大的溪,水流非常湍急,河流的源头在马里兰州的中部,最后流入乔治敦与华盛顿之间的波托马克河。它流经华盛顿城外的一段流域,大约5～6英里,沿途的景色优美多变。溪水流进一个很深的溪谷中,那溪谷一会儿变成一段蛮荒的峡谷,这里大部分地段都长着大而繁茂的树木,而峡谷的两侧是格外陡峭的山体,甚至还有许多凸出的悬石;一会儿又在一片幽长的河段里缓慢地流着;一会儿又激流勇进,从陡弯处绕过,越过多石的河床;沿途有许多小溪流汇入其中,因为它们有的来自右侧,有的来自左侧,这就使得人们的视野更加豁朗,也给洛克溪的景色增添了更多迷人的成分,当然,这景色不仅让人赏心悦目,同时还更加险峻和荒凉。也许在美国再也没有一个像华盛顿这样的城市能够让自己与只有在荒僻山林中才能寻求到的大自然的壮观和美丽如此接近。只要稍微使用一些艺术的笔触进行描绘,就能将这一整个流域——从乔治敦到离现在的国务院不足两英里叫作水晶泉的地方——变成一个世界上无以匹敌的公园。然而在两个地点之间存在一些荒凉原始的通道,似乎与哈德逊河和特拉华河源头的山里一样,距离文明十分遥远。

洛克溪在这里有一条支流被人们称作松溪。它虽然小,但是却并不平静。它从一个自然风景优美如画的山谷中流过,几乎整条溪都被掩映在栗树、橡树以及山毛榉的树林中,这给它平添了更多幽秘之感。

这里众多的山泉我是不可能忘记描述的,这些山泉为整个地区提供着水源,是某一个荒僻角落的中心,或许还是一个一两百码长的小溪谷的源头。人们可以通过这个小溪谷看见山下面水流湍急的主溪流。

我常常会朝着这个方向散步。星期天,男孩子们成群结队地来到这里嬉笑打闹着,将潜藏在内心的那种半野蛮的本能纵情地释放出来。临近水边的地方是各式各样生命最为丰富的地方,这里生长茂盛的植物给昆虫提供了充足的食物,而各种各样的昆虫又是鸟类的食物。3月的第一个星期,在日照时间充足、阳光灿烂的南山坡上,我经常能看见正开着花的獐耳细辛,尽管那花仅仅冒出1英寸的花柄。在旁边有泉水流淌的地方,美洲观音莲破土而出,首先露出来的是花儿,这看起来好像是大自然犯了个错误一样。

许多野花直到4月1日才开始开放。这个时候,你可以看到的花有很多,例如银莲花、獐耳细辛、藤地莓、虎耳草、北美茜草以及美洲血根草。过了一个星期以后,春美草或春艳花、紫罗兰、金凤花、水田芹、大巢菜、紫堇及委陵菜都开始相继绽放。几乎4月份所有的花卉都被包含在这里,通常这些花在洛克溪以及松溪一带都能被随处看见。

无论在哪一个小山谷或者是小溪边,总有一种或两种花在生长上占有一定的优势。我知道去哪里可以找到第一簇地钱,同时也知道哪里的地钱是最大最美的。在一片树木稀疏、干燥多石的山坡上,生长着许许多多的鸟足堇菜,但是在相邻的地区这种植物却比较少见。这种花我在北部的时候从来没有见过,它是所有堇菜属植物中最美丽、最鲜艳的,会令那些涉足林中的人感到惊叹。它一簇簇、一丛丛地生长着,与花园中的三色堇非常相似,它的花瓣是紫色的,好像天鹅绒一般,看上去像极了一件华丽的披风柔垂在肩膀上。

我大约在 5 月 1 日再一次去到那个山坡上，去寻找羽扇豆，更准确地应该说是日暮花。从不远的地方看过去，日暮花的蓝色给大地增添了极大的魅力。在 4 月的上半月，山坡的北面，野山林的空气中弥漫着芬芳的野草莓味道。如果再往前走几步，在一条小溪的尽头，曼德拉草的影子像小伞一样倒映在地面上。4 月 1 日的时候，曼德拉草的嫩芽就已经破土而出，但要一直到 5 月 1 日的时候，花才开放。它的花是像蜡一样的白色，是单支的，上面带有非常浓重的甜味，它就生长在其宽阔的叶子下面。也就是在这条小溪边，还有水田芹和两种银莲花生长着——宾夕法尼亚银莲花和栎林银莲花。在洛克溪林中的每一个温暖的山坡脚下，血根草到处都能够看见，在那里，盖在它身上的那一层厚厚的干树叶被风掀起来，从而使它与地钱同时显露出来。但令人感到困惑的是，就凭着这样一点暖意怎么就让这些早春的花儿竞相开放呢？就好像已经事先在地下增加了某种影响，提前做好了准备一样，一旦外界的温度合适，它们就会壮着胆子冒出头来。当一个星期中有那么两三个夜晚还出现霜冻的时候，我就会发现血根草，甚至至少还有 3 种早开的花被 8 英寸厚的雪深深地埋起来。

　　另外在洛克溪流域一带比较常见的花是春美草，它与其他多数的花一样，也是一串串开放的。在离你喜爱的野草莓或者是紫罗兰不远的地方,春美草很轻易地就吸引了你的注意力。它遍地开放,以至于你在落脚时总会难以避免地踩在这些花上。想要看到它们完整的美丽,只有在上午到林间散步时才能够实现,因为到了下午,它们就会将眼睛闭上,那些漂亮的花头也会因为犯困而垂下。我只在一个地方发现了黄色的凤仙花。在这一带,随处都能生长,丝毫不受地域限制的花是北美茜草。4月1日的时候,在一些温暖潮湿的地方,如没有完全开垦的原野以及森林交界处等,它们已经成为很引人注目的花,但是到了5月份的时候,它们已经十分普遍,几乎在所有地方都看得见。在公路上,只要将你的视线越过宽阔的原野,就能够看到它们的身影,远远望去,就好像紧贴在地面上流动的一缕轻烟或薄雾。

在5月1日的那一天,为了听棕林鸫的鸣啾,我会前往洛克溪或者是松溪一带。在这一天,我总会发现他们悠然自得地唱着自己高傲的曲子。这个时候,或者是再早一点的时候,还可以看到一些其他的鸫科鸣禽,例如威尔逊鸫、隐居鸫、绿背鸫,其中隐居鸫与绿背鸫总是安静地不发出任何声音,而威尔逊鸫的歌声却悦耳动听。

在5月初的时候,我会在森林中发现成群结队在飞往北方的旅程中寻觅食物的莺科鸣禽。他们对每一节树枝和每一片树叶都进行了非常仔细的查看,从最高的郁金香一直到最矮的西洋蜡梅，每一处都不放过。到了晚上的时候，他们就飞走了。有些种类的鸟儿会在这里短暂地逗留，例如栗胁林莺、布莱克伯恩莺、蓝黄林莺等，在这期间，他们就像是待在家乡一样自由地歌唱。连续两三年，我都会在高地的橡树林中遇到正在寻找食物的一小群栗胁林莺，他们在高高的树枝栖息着，动作中略带着一些迟缓，很显然是想要在这里生活一段时间。

夏季在这里居住的鸟类中莺科鸣禽很少。我所见到的只有黄腹地莺、食虫莺、黑白爬行莺、橙尾鸲莺以及蚋莺，他们在这里生活并且繁衍后代。

在上面所提到的这些莺科鸣禽中，最有趣的就是黄腹地莺了，不过这种鸟却比较罕见。在林中一些低洼潮湿的地方，我通常是在某条小河的陡坡上与他相遇，这时耳边总会想起响亮而清脆的啼鸣声，就好像铃声一样，很快你就会看见一只鸟儿，他从地上突然飞起，然后在一片树叶的背面捉到了虫子。这些动作可以说是他极具代表性的特征。他是地莺科的鸟儿，活动范围非常小，比我知道的任何一类鸟儿的活动范围都要小。他几乎总是在地面上活动，以蜘蛛和小虫为食，具有非常快的移动速度。他翻开树叶，对小树枝背面以及地面的裂缝进行窥探，并不时地向上跳起 8 或 10 英寸的高度，以从悬垂的树叶或者是树叶背面捕捉虫子为食。通常来说，每一种鸟儿都有非常明显的活动范围。如果在离地 3 英尺高的地方画一条线,这时标出的区域就是黄腹地莺觅食的活动范围了;如果所标出的区域高于 6 或者 8 英尺,那么就是哀地莺、食虫莺、马里兰黄喉林莺经常活动的范围。而黑喉林莺最喜欢的区域是高大树木的低枝或者是低矮树木的高枝,在这些地方,总能找到他们的身影。鹟科鸣禽大多在地面或者是贴近地面的范围内活动,并寻找食物,而翔食雀和某些绿鹃则喜欢在最高的树枝上觅食。然而总体来说,莺科鸣禽通常最喜欢在枝繁叶茂的灌木丛中觅食。

对于莺科鸣禽而言,黄腹地莺是一种比较大的鸟,外表也非常引人关注。他的背部完全是黄绿色的,而咽喉到胸部是明黄色的,另外他还有一个非常明显的特征,那就是他的两颊上各有一道黑色的条纹,并且这条纹一直会延伸到脖子。

另外一种此地比较常见的鸟就是蚋莺,我在北方的时候从来没有见过他,在奥杜邦的口中,他是"蓝灰捕蝇莺"。从举止上来看,他和灰嘲鸫简直别无二致,只是体形比较小而已。当你的出现让他感到不安的时候,他就会一直像小猫一样"喵喵"叫着,尾巴竖起来,并不停地摆动着,翅膀也垂下来,做着各种各样的动作。而他的这一系列动作毫无疑问地会让人想起他的原型——灰嘲鸫。他的身体上部是比较浅淡的灰蓝色,然后渐渐地变淡,等到了胸部和腹部的时候,颜色已经变成了白色。从体形上来看,他是一种非常小的鸟儿,尾巴细长但是非常灵巧,他的啼鸣声比较独特,是那种叽叽喳喳、口齿不清、断断续续的颤音,一会儿听起来像是小灰嘲鸫的叫声,一会儿听起来像是金翅雀的叫声,一会儿却又像是小金翼啄木鸟的叫声,尽管这声音有很多的变化,但是丝毫没有连贯性,更没有什么节奏感可言。

在这里,我知道一种非常有意思的鸟,那就是路易斯安那水鸫,他也被叫作水鹨鸫或者大嘴水鸫。鸟类学家对三种鸟很难辨认,其中就有他,另外两种是金冠鸫(与林鹨鸫难以辨别)和北方水鸫(与小水鸫难以辨别)。

尽管眼前的这种路易斯安那水鸫数量并不多,但是沿着洛克溪向前行走,你还是能够经常遇到他。这种鸟活泼敏捷,啼叫声让人十分着迷。在5月阳光明媚的天气里,我恰巧看见了一对这样的水鸫。他们在两条泉流之间来回地飞着,在两条泉流的中间点飞落下来,突然,雄鸟开始动情地演唱,这是我见到过的最生动的即兴演唱。他的歌声并没有经过长时间酝酿,而是瞬间迸发出来的。最开始的时候,是三四声圆润清亮的音符,像极了竖笛中的某些音色,最后以错综复杂并且急促的颤音将曲子终结。

这种鸟与鸫的相似之处只在色彩上有所体现,他的上身是橄榄褐色,下面是灰白色,脖子和胸带有斑点。然而他的声音、举

GEOTHLYPIS FORMOSUS

—— 黄腹地莺 ——

在林中一些低洼潮湿的地方，我通常是在某条小河的陡坡上与他相遇，这时耳边总会想起响亮而清脆的啼鸣声，就好像铃声一样，很快你就会看见一只鸟儿，他从地上突然飞起，然后在一片树叶的背面捉到了虫子。

———

GEOTHLYPIS FORMOSUS

止以及生活习性都和百灵鸟非常相像。

　　沿着洛克溪继续向前行走，一路上让我最开心的就是黄胸大鹏莺，但是他有时也会让我觉得讨厌。这种鸟无论是在体形上还是动作上都与灰嘲鸫有一点相似，但是他确实是一种怪鸟。与这种能够发出很多种声音并且极为欢乐的鸟相比，灰嘲鸫看起来更加柔弱温和。黄胸大鹏莺的声音十分高亢、响亮，并且实在不同寻常。只要你进入他的隐居地——通常就在古老原野的低洼地中、茂密的灌木林里或者是林边，他就会唱起小夜曲，他的歌声奇怪、多变，并且非常粗鲁，简直和乡野间的尖嘴鸲相似极了。如果你一个人直接向前走去，他通常就不会破坏掉这份宁静，但是如果你停下片刻或者悄悄地到处闲逛，那么他就会感觉到你的存在，并且受到刺激，于是他就会尽力地高声啼叫起来。他会躲藏在树枝后面用充满困惑的眼神窥视着你，发出一种像猫一样"喵喵喵"的叫声。没过一会，他的叫声又变成了"呼呼呼"，并且好像清晰地在叫"谁啊，谁啊"。紧接着就是一连串非常刺耳、急促的啼叫声，这样森林的宁静就被打破了。继而他的叫声又转变了一种方式，就像小狗一样叫着，接着又像鸭子一样"嘎嘎嘎"地叫着，之后又像是翠鸟一样"咯咯咯"地叫着；有时会像短嘴鸦一样"呱呱呱"地叫着，有时却又像狐狸一样尖叫着，紧接着又会像小猫一样叫唤。这个时候，他的声音听起来好像是从远方传来的,然后他又将声调改变,似乎在向观众们问好。当你想要看清楚他的时候,尽管他会将自己藏起来,表现得十分害羞,但是只要你保持足够的安静,过不了多久,他就会飞上一根细的树枝,或者跳上一根毫无遮挡的树枝,垂下翅膀,昂首挺胸,把尾巴压得低低的,表现得十分夸张。然而不到半分钟的时间,他又会迅速地飞入树丛中,接着开始自己的演奏。相比之下,没有任何一个法国人的小舌音卷得比他更加流畅。"呵——嗬——嗬——呜嗬"——就是这样——"唏——嘎嘎,嘎嘎咿特——咿特"——没过多久又会变成——"特嗬——嗬——嗬——喻——呱,呱——咯特、咯特——嘀啵咿——呼,呼——喵,喵——",一直这样下去,直到你听腻了才停下来。有一天,当我近距离观察这样一只鸟的时候,发现每次他的啼鸣声中就只有6种音符,或者说只有6种变音。他按着这个顺序,在多达十几次的重复歌唱中几乎没有出现任何变化。有时当你与他还有比较远的距离时,他就会飞下来靠近你,进行仔细的观察。这是一种多么富有表现力的奇特飞行呀——双腿绷直,头向下垂着,翅膀快速地拍扇着,整个动作看起来既滑稽又十分有趣。

　　黄胸大鹏莺无论是从体形上还是色彩上都可以说是一种高雅的鸟儿。他的羽毛格外密集坚实,上身为淡淡的橄榄绿色,下身的颜色是明黄色,鸟喙不仅硬而且特别黑。

红衣主教蜡嘴雀也被人们称作弗吉尼亚红衣主教雀,在这些地方是比较常见的,不过相较之下,他们好像更喜欢在林子里悠闲地走一走、看一看。他们的胆子非常小,主要是因为那些鸟类的粉丝们和持枪的调皮男孩总是对他们穷追不舍。从这种鸟的外形上来看,很容易就会让人想到身穿红装的英国士兵,因为他的外表与军人有着非常惊人的相似:沉重的尖喙,高高的冠,脸上长着黑斑纹,头部和颈部则表现出直立、沉稳的姿态。他的啼鸣声听起来就好像是横笛演奏出来的声音。但是当他们受到某些外界的打扰时,就会发出一种如同军刀一样的叮当作响的声音。昨天,在溪边浓郁的树荫下,我坐在葡萄藤上懒洋洋地摇晃着,这时,就看到有这样一只鸟在我上方几英尺高的地方捕捉虫子。他来回跳动,时不时地发出非常尖锐的叫声,如果有甲虫或者是飞蛾想要逃走,那么他就会从我的上方直冲而下,看上去就好像一个火把从树丛中落下一样。当他无意中看见我的时候,惊慌失措地逃走了。这种鸟的雌鸟的羽毛并不是非常鲜艳,羽毛上略微带有一些褐色,只有当她起飞的时候,才会露出一点红色。

　　在华盛顿一带,红头啄木鸟是啄木鸟种类中数量最多的,因此,他比知更鸟要更加常见。我几乎每天都能够听到他那奇特的啼鸣声,这些声音不是来自密林深处,而是从那些散布在山上与原野中的橡树林和郭树林中传来的，"咳忒——呃——呃，咳忒——呃——呃"，听起来似乎跟体形较大的树蛙的声音有一些相似，这些声音主要就来自城外那片橡树林。他具有非常敏锐的嗅觉，身体非常强壮，然而在宽阔的树林间飞翔的时候他是那样的美丽，在两棵树之间画出非常完美的弧线，红白相间，甚至还有一丝温和。这种鸟同样有着军人一样的神态。他的姿态高贵沉稳，身穿明亮的红、白与钢青相间的制服，完全展现出一副军人的威严。

　　我经常喜欢走的路还有一条在城市的东北部。从国会大厦望向这个方向，在几乎不超过一公里的距离内，一片宽广的绿色山坡就会进入你的视野。这片山坡的坡度并不是很大，缓缓地延伸成为一大片草地。山顶——如果这样缓缓隆起的草地能够拥有山顶的话——被掩映在一片高大的树林中，前面一道长势茂密的林子就好像一件斗篷一样，将它的侧面全部都裹住了。这一片绿宝石一样的风景在城市的好多地点都能够望见，沿着纽约大道从北面自由市场望去，视线越过街道上的红泥土，最后落在这一片清新的风景上。它好像在无声地邀请市民到它那里去赏景，给身心一个净化的机会。当我从生硬刻板又闷热的街道转向那里的时候，它展现出了无穷的魅力。我让自己的目光在此沐浴，就好像在一股清泉中沐浴一般。有时候，那里会有一群牛儿在吃草。等到 6 月的时候，还可以看见人们将这里的草收割起来晾晒成干草。当白雪将整个大地覆盖起来的时候，那里无数的干草堆会格外醒目，成捆成堆地堆放在那里，竟然会让你的目光难以割舍。

覆盖着这座山的东侧的树林一直向东延伸过去，就成为首都华盛顿哥伦比亚特区最具魅力的林区之一了。这里最主要的植被就是栗树和橡树，还有一些零星的月桂木、山茱萸和杜鹃花。同时，这里是我目前所发现的唯一一处犬齿赤莲开花的地方，也是我知道的采摘藤地莓的最佳地点。在一面山坡上，地面上长满了翠绿的青苔，穿过那些青苔，藤地莓托着它的花儿。

从这些树林往市区的方向走去，就可以看见国会大厦白色的穹顶在绿色的山坡前巍然矗立着，尽管它是 4000 吨钢铁的身躯，但是却轻盈高雅地腾空而起。那些令我长久铭记于心的华盛顿景色，唯有白山浮绕的国会山山顶，最令我难忘。

Fire Crowned
& Common Gold Crest

Chapter 6

漫游桦树林

我所要介绍的地区位于纽约州的南部,由沙利文县以及阿尔斯特县、特拉华县的部分区域构成。这里有特拉华河与哈德逊河经过,除了阿迪朗达克地区,这里是纽约州荒地面积最多的地区。横亘于此,而且还为这一地区带来恶劣的北方气候的山脉都属于卡茨基尔山脉。有这样一些纽约州地图,上面显示着这些山的名称为松木山,但很显然,这名不副实。根据我的观察,在这几座山上根本一棵松树都看不到。称它们为桦木山或许会更恰当一些,因为在这些山的山顶上长满了桦树。这一带山区可谓黄桦与黑桦的天然之家,它们生长于此,异常高大。山坡布满了山毛榉与枫树,不过在以前,这里大部分都是铁杉,覆盖着山坡下部,隐蔽了山谷,为此它们也遭到了很多伐木工与制革工的砍伐。现如今,这里偏僻而荒凉,没有边际,想要找到铁杉几乎是不可能的。而在尚代肯及伊索珀斯一带,这种树基本上是乡村出产的唯一产品,或者是最有可能会出产的产品。由此,以铁杉皮为原料的制革厂纷纷拔地而起,其中有一些到现在为止还有保留。当前这个季节,穿过那片地域,我看到零星的几棵铁杉树残留于山坡的高处。之前它们经过了无数次的砍伐与剥皮,一次次遭受着这样的厄运。那裸露着的洁白的树身,从远处就可以一目了然。

火山地区有突兀的山峰与峭壁,而这些山却与火山地区不同,这里的群山一望无际,绵延起伏,再看山顶上的树木葱葱郁郁,广袤而起伏的地平线真让人流连忘返。站在特拉华河源头的顶峰向南望去,至20英里之外的地方,可以看到一座座连绵不断的青山。如果这时可以少去几棵大树,为天际腾出一道空隙,我们也就可以透过这道空隙看到更遥远的地方。

从哈德逊河的一侧进入这一地区,起始点是靠近索格蒂斯腹地的一个地方,再穿过一片崎岖不平的村落,这座村落位于卡茨基尔山麓的周围。驾着马车走上几个小时,便到达了一片高大而险峻山峰的阴影里。这座山构成了其山脉其中一段的一个交界点,很简单地被称为高峰。陡直的山峰向东和东南方倾倒,延伸至平原,以居高临下之势,俯视着位于 20 英里之外的哈德逊河。山背面的西与西北方向,延伸出了数不清的小山脉,它们共同支撑着这座傲然挺拔的主峰。

从这里可直线通往宾夕法尼亚州,约有 100 英里的距离,在这段距离之间绵延着我曾说起过的那一大片土地。宽度有二三十英里,属于乡村地带,非常荒凉,人烟稀少。如果现在有正在搭乘纽约州和伊利铁路公司火车的旅客经过这里,也会匆忙地瞥上它一眼。

许多冰冷湍急、生长着鳟鱼的溪流遍布于这一带,溪流的方向四通八达。这一地区有一些小湖泊与丰富的山泉,那是它们的源头。这些溪流包括枯水溪、威拉威麦克溪、永不沉溪、磨坊溪、大因金溪、海狸溪、黑豹溪、鹿林溪与卡利昆溪。西部的主要水道就是海狸溪,它在汉克考的荒原地带,然后汇入特拉华河。永不沉溪从这里向南流,然后也汇入了特拉华河。往东的地方,多条小溪流和大因金溪汇合,共同组成了伊索珀斯河,最终汇入了哈德逊河。枯水溪与磨坊溪因出产鳟鱼而扬名万里,这里的溪流流经 12～15 英里的水路,最后汇入了特拉华河。

特拉华河的东支流,也就是皮帕克顿的支流,它在这个山间幽深的水道中有个很大的落差。我以前很多次都停靠在路边饮用山泉,那个地方是深山小溪流初见天日之地,几米开外的地方,溪水流向了另外一条水路,途中经过了斯克哈利河与熊河,最后汇入了莫霍克河。

有一些还未从本州消失的野兽与其他的野生动物,都可以在这一地区被找到。熊在不经意间会洗劫羊群,尤其是在山谷口的那些空地,它们经常在那里劫掠羊群。

以前,经常会有数不胜数的野鸽子在离大因金河的河谷与永不沉溪的源头不远的地方繁衍生息,它们会将自己的鸟巢遍布长达几英里的树顶上。成年了的野鸽子飞来飞去,呈现出一片热闹非凡的景象。但这必会惊动或远或近的猎人们,他们按照往常的惯例会在春季聚集在这个地方,捕杀这里老年的、成年的与幼年的鸟儿。这种行为导致了几乎所有的野鸽子都被驱离。

在这个地方还可以遇到鹿,但其数量却年复一年地减少。去年冬天的时候,单是海狸溪附近就有接近 70 头的鹿被猎杀。我听说有一个卑鄙的家伙,他发现有一群鹿被雪困住了,随即便穿上了他的雪地鞋向鹿群走去。有一个清晨,在早饭开始之前,他就屠杀了 6 头鹿,将它们的尸体留下后便扬长而去。有个传说,如果有人做了十恶不赦之事,必定会遭受应有的报应,或者成为瞎子,或者会失去知觉。但是,这个恶棍却一点事儿也没有,于是,人们对那个传说也就表示怀疑了。

那么，这一带最引人注目的应该要属那些溪流与湖泊中丰富的鳟鱼。那里的水温很低，泉水的温度是 44 或 45 华氏度，溪水的温度为 47 或 48 华氏度。水里的鳟鱼个头较小，但在一些偏僻的支流里，鳟鱼的数量就比较多了。这里的鳟鱼颜色为黑色，而在湖泊里时，颜色就会光泽明亮，达到无法用言语形容的程度。

　　近几年间，这些水域经常会被成群结队的垂钓者光顾，现如今，海狸溪的名字在纽约州的户外活动爱好者这里已经非常有名了。

　　在卡利昆荒野有这样一个湖泊，那里盛产一种品质极佳而且非常独特的物种，被称为白亚口鱼。想要捕捉到它，就要耐心等到树叶长得像金花鼠的耳朵一般大，它开始春季产卵的时候。夜幕降临了，白亚口鱼开始急切地沿着小溪流游进湖里，一直到将整个河道塞得满满的为止。这时的捕鱼者们一定会抓住时机，涉水径直走到活蹦乱跳的鱼群当中，他们会使用很大的斗捕鱼。他们三个人组成一队，用这种方式就可以弄到一大马车的鱼。在特定的天气，再具备一定的条件，如在温暖的南风或西南风的环境里，人们通常会认为，这种情况对鱼群游上来是再恰当不过了。

　　尽管我对这个地区周边的一切都了如指掌，但我这一生进入这样的荒芜地带也仅有两次。第一次是在 1860 年，我和我的一个朋友沿着海狸溪一直走到了它的源头，还在鲍尔瑟姆湖畔露营。但因为当时来了一场寒冷而又持续时间很长的暴风雨，我们当时还没有准备好，所以被迫离开了林子。我们绝对无法忘记我们在山间的一条不知名的小路上徒步跋涉，而且还不切实际地想要在林中过舒适生活的经历，我们带了很多不该带的东西，因此疲惫不堪；我们也无法忘记我们共同在山的顶部休息，当时那儿正下着蒙蒙细雨，我们在雨中煮鱼吃的经历；当然了，我们也无法忘记我们在日落时分走进位于磨坊溪畔的那一栋简陋、温馨的小木屋的经历。

还有一次是在 1868 年，我们当时有三个人前往位于同一山系的水域，进行了一次短暂的捕捉鳟鱼之旅。那个水域被叫作托马斯湖。这一次的探索之旅比以往任何一次都特别，我在那里发现，我们与印第安人相比，生存技能简直有天壤之别。那里的山高路险，我们三个人跋涉在林中的笨拙行为简直可笑至极。

一个 6 月的下午，我们一大帮人从一座农舍离开了。那个农舍在磨坊溪的附近。我们当时背上了背包一头扎进山脚旁的林子里，想要在日落之前完成一个目标，就是翻越横亘在我们与湖泊之间的那道山脉。为了防止刚刚出发就迷失方向，我们雇用了一个和善而又稍稍有点懒散的年轻人做开始几英里林间小路的向导。他当时也是刚好来到农舍稍作休息的,背上还有一个联邦军的背包。找到那个湖仿佛是这个世界上最容易的事了。根据他们的描述,我们了解到这里的地形很简单,由此,我敢保证我们在天黑之前一定能到达那里。"沿着这条小溪走,一直到它位于山侧的源头,"他们说道,"山的另一侧正好也就是湖口所在的那道溪谷。"这再简单不过了,但通过进一步的询问,我们得知在我们正好到达山顶时,应当"继续沿着左边走"。这对于我们来说又面临着多重选择。在一个一点都不熟悉的森林里,"继续沿着左边走"这样的说法肯定是自己不确定的一种反应,我们很可能会因为一直靠左而让自己陷入痛苦。如果湖就在对面,那么为什么一直要沿着左边走呢?哦,知道了,湖并不是在正对面,而是在有点靠左的位置。除此之外,还有两三处山谷通向那里,我们应该能够轻而易举地找到一条通往那里的路,但为了能够有双重保险,我们雇了上述我提到的向导为我们引路,这样就可以避免在刚刚启程时走错方向。让他与我们一起去那个"沿着左边走"的地方,因为他说他在去年冬天时曾去过那个湖,所以认得路。刚出发的半个小时里,我们沿着一条昏暗的林道前行,这原本是在冬季里往外运桦木的一条道,一路上都可以看到一些铁杉,但以桦树与枫树居多,树木看上去非常茂盛,期间看不到矮灌木丛。坡很平缓,从右边可以听到潺潺的流水声，几乎一路上都可以听到。一次，我走近小溪，发现当中成群结队的鳟鱼。溪水冰凉，正是我们想要的温度。继续走了一会儿，路面陡峭起来，从稀松而又铺盖着青苔的岩石与石头之间流出来的溪水也变成了涓涓细流。我们喘息着，带着艰难的步伐爬上了凹凸不平的山坡。可以说每座山峰在临近山顶的地方都有一处最陡峭的地方。我猜测，这正是天意所为。黎明即将到来之前，这里也正是最黑暗的时候。山峰异常的陡峭，而且越来越陡，直到登上山顶以后，这里才又一次呈现出一片平整光滑，或者是稍微拱起的空地，那是古老的冰神在很早之前的精雕细琢之作吧。

我们还发现，在这座山的山背上有一片洼地，地面湿润而又松软。我们从这里经过时，看见这里有一些巨大的蕨类植物，它们的高度几乎达到我们的肩部；之后，我们还经过了几片林子，在林中长满了开着红花的泽地忍冬。

最后，我们的向导在一块大岩石边停下了，这块大岩石位于地势向另一方向顺倾的地方，他和我们说他已经完成了自己的任务，接下来，我们就可以轻而易举地找到那个湖了。"应该就是在那儿。"他边说边用手指着那个方向，但明显可以看出，他自己也不确定了。我们几次都看出了他的踌躇，他也不知道要走哪条路，而且在翻越山顶靠左走时在众人面前出了丑，这让他颜面尽失。但我们当时并没有多想什么,仍然信心十足。与他告别之后我们匆匆走卜山坡,沿着那条我们自己认为选择正确的可以流入那个湖泊的一道泉流行去。

我在这些东南朝向的林子里首次注意到了棕林鸫。从山的那一侧过来,我未曾发现一只鸟,也没有听到鸟儿鸣叫之声。现在,原本宁静的林中回荡着棕林鸫圆润洪亮的颤鸣声。在半山腰寻找鱼竿的时候,我发现在一棵小树上筑有棕林鸫的巢,距离地面大约有 10 英尺。

我们继续往下山的方向走,现在,我们唯一的指路者——那道泉流——成了一条小溪,溪中还有游来游去的鳟鱼,流水的声音也从潺潺声成了淙淙声。这个时候,我带着迫切的目光开始透过树丛寻找着湖的影子。或者可以这样说,我们已经捕捉到了距离湖很近的一些地貌了。通过进一步的观察,我们发现了一个问题,那就是在近处的树下、远处的树上观望到的我们原本以为是湖面的地方实际上是一片已经耕过的土地。接着,我们还发现它的旁边是一块休耕地,已经被火烧过了。本来还兴高采烈,看到这种景象之后我们像被当头泼了一盆冷水似的。没有湖,也没有必要玩了,当天晚上同样也没有鳟鱼做晚餐。那个向导或许是在和我们开玩笑吧,或者更可能的是他也迷失了方向。我们迫切地想要在天黑之前达到湖边,因为那个时候正是

HYLOCICHLA MUSTELINA

—— 棕林鸫 ——

我在这些东南朝向的林子里首次注意到了棕林鸫。从山的那一侧过来，我未曾发现一只鸟，也没有听到鸟儿鸣叫之声。现在，原本宁静的林中回荡着棕林鸫圆润洪亮的颤鸣声。

HYLOCICHLA MUSTELINA

鳟鱼最活跃的时候。

　　接着往前走，很快，我们就来到位于西面陡峭山谷尽头的一片布满残株的原野。距离我们脚下大概 1000 米的地方有一栋原木房子，烟囱里冒出了烟。我们看到一个提着桶的男孩从房子里出来，向泉边走去。我们朝向他大声地喊着，他转过了头，但没有停下给予应答，而是跑回了房子。片刻，全家人都匆忙地冲到院子里，望向我们。就是我们通过他们的烟囱钻过来，也不至于那么吃惊吧！他们说的话，我们根本就听不懂。我来到他们房子前，令人遗憾的是我们发现，我们依然还在磨坊溪的一侧，只是翻越了一道山脊。由于我们沿路走过来时靠得还不够左，因此，在我们的翻越点，主山脉忽然间就往东南折回，仍然横亘于我们和湖泊之间。我们从出发点沿着溪流走了大约 5 英里，但却超出湖的地方两英里。我们必须折回至向导与我们告别的山顶，然后一直靠着左边走，用不了多长时间就会到达一行刻有标志的树前，那棵树可以做我们的向导带领我们到达湖边。于是，我们返回到来时的小路，顽强地重新走着刚刚白白走过的路——这是让任何人都厌烦的一件事，对于我们来说已经相当辛苦了。在我们原路返回的过程中，太阳已经落山了。在我们快要到达山腰时，天色已经漆黑一片，我们只好时不时地将背包靠在树上小憩一会儿，行程也就自然缓慢下来。最终，我们不得不彻底停下来,在山边一块悬着的、差点就要滑下去的巨大而平坦的岩石边安营露宿了。我们生起火,清理了岩石,吃了一点面包,将装备架设好,将路挡好,以免这一带经常出没的刺猬靠近我们,一切准备就绪才躺下睡觉。如果到时候猫头鹰或者豪猪(我想我在夜间听到了一只豪猪的叫声)来到我们的营地搞侦察,那时它们就会看到岩石上铺着一条野牛皮制的毯子,一边排列着三顶老式的呢帽,另一边显露着三双破旧的牛皮靴。

我们躺下的时候没有发觉有蚊子,但是被梭罗笔下的印第安人贴切地命名为"看不见的敌人"的摇蚊,很快就发现了我们,所以,在火熄灭了之后我们受到了它们的打扰。我的双手陡然间开始又痛又痒,甚至到了无可忍受的境地,我的第一知觉告诉我,我中毒了。接着,疼痛感传至颈部、脸部及头皮的部位。这时,我才觉察到究竟是怎么回事儿了。于是,我将自己裹得更加严实了,尽最大可能将双手隐藏起来。我的那些同学仿佛一点也不在乎这些"看不见的敌人",他们很快就进入了梦乡。这时的我开始尝试着入睡,但并没有那么容易,我又被卧榻上我这一侧的小小的不平而困扰。女仆没有将它处理好,这个大大的鼓包总是弄不平。每一次我借助身体的重量将其压下去后,没过多长时间它就又鼓起来了。不过到最后,我还是非常成功地解决了这个问题,终于进入了梦乡。

深夜时我醒来,恰好听到了从附近的树上传过来的一只金冠鹪的歌声,他的歌声那么洪亮,那么欢快,就像正在正午时唱歌一样。于是我开始默默思考,觉得自己还是很幸运的。公鸡偶然会在夜间啼叫,那么鸟儿偶然间也会在夜间鸣叫。过去,在夜间我还听到过食蜂鹪、毛鸟的啼鸣,听到过披肩鸡敲打出的频繁鼓点。

　　第一抹晨光浮现,一只棕林鸫在我们身下大约 10 米的地方鸣啭着。稍作片刻,灰色的晨光开始慢慢地围绕着我们了,这时,林中任何一个地方的鸫科鸣禽瞬间都放声高歌。这是我之前从未听到过的悦耳之声,那曲子听起来如此的悠闲,如此的响亮,让我们这些刚刚经历了困境的人都得到了安慰。这是鸟儿一天中所要做的第一件事——在合唱之前,虫子们是安全的。我分析,鸟儿在距离地面几英尺的地方栖息,实质上,无论在何种情况下,他们都是在筑巢的地方栖息的,就像眼下这般情景,棕林鸫占据着林中的首层位置。

　　棕林鸫的分布点着实有点奇特,在我开始观察鸟类的早期,本来应该为在这些林中发现他们而感到异常惊讶的。实际上,我曾在我两次发表的文章里陈述过,在卡茨基尔山的高地上是找不到棕林鸫的,但隐居鸫或棕色夜鸫,却是经常可以见到的。事实证明,上述的观点一半是正确的,在高地也可以找到棕林鹩，但极其罕见，他的生活习性更为隐蔽一些罢了。只有在其进入孵化期，而且在边远山区朝南或朝东的山坡上才看得见他。在这一地区，我从未发现过这种鸟在附近及熟悉的林子里过季，这与我在本州其他地方观察到的结果完全相反。鸟类所处的地点不同，生活习性的差异也异常地大。

天刚亮，我们就起身准备继续我们的行程，早餐是一小块涂上黄油的面包，还有一两口威士忌。因为携带的面包与酒并不充足，我们需要多留一点，以便我们在没有找到我们想要吃的鳟鱼之前缓解饥饿感。

我们很早就赶到了昨天与导游分手的那块岩石处，充满疑虑地环顾着四周茂密而无路的森林。当前，在误入歧途而又茫然的情况下，我们凭借自己的判断力重新上路，每迈出一步都是需要提高警惕的。这些山的山顶很宽阔，林中看上去很近的距离，实则还很遥远，所以，在到达顶峰时，没有一个人可以熟练地去应对。再加上还有众多的山脊、支脉，以及山势走向的变化，看似可以通过眼力正确判断的结论实则遥遥无期——当你还没有意识到之前，离所要到达的目的地已经很远了。

此时此刻，我想起了一个我曾经认识的年轻农民给我们讲过的一件事，他曾经在这一地区的中心地带整整走了一天，当时他既没有向导也不认识路，最终却很是准确地到达了目的地。

他那个时候一直都在卡利昆一带剥树皮——当地的树皮非常有名，他剥够了树皮之后想要直接返回家里。他的家位于枯水溪，他往常都是绕道而行的。这样的话，就需要走 10 或 12 英里的路，中间还要翻越几道山，穿过一片还未经受砍伐的森林。这种危险的行为没有人愿意参与，就连对那里了如指掌的老猎人都竭力地劝阻他，而且还预言他这样做是很冒险的，肯定不会成功。不过，既然已经下定了决心，他便肩扛斧头上路了，他牢记老猎人告诉他的地形地貌。他穿过森林，沿着一条狭长的道路一直走着，其间遇到了沼泽、溪流、山脉，但即便如此，也从未改过道。每次停下稍作休息时，他都会扫视前方，以便可以找到一个标志物记下来，这样在继续前进时就不会与目标路线脱轨了。为他指路的人告诉过他，在途中如果看到一座猎人的小木屋，那就不必担心了，可以确定自己的方向没有出现偏差。大约在正午时分，他到达了那座小木屋；日落的时候，就到达了枯水溪的源头。

因为没有找到那行刻有标志的树，我们有些犹豫了，但仍向左边的高地行走着，同时，我们还在经过的树木上刻上标记。我们不敢走下坡路，害怕下坡下得太快，此时对我们有利的地形就是高地。浓密的雾气即将到来，这让我们更加不知所措，但我们仍然向前行走，攀上岩架，穿过蕨类植物林。大约用了两个小时,我们在一道巨大的泉边停下稍稍休息了一会,它位于山腰的围岩处,这个地方有一片相对比较宽阔的平地,桦树林长得非常茂密,树也异常巨大。

我们在这里休息的时候相互交换了自己的意见,最终决定了最佳的方案:放弃之前那种徒劳的寻找方法,但是却不彻底摒弃。于是,我提议让同伴们在泉边看行李,我继续努力来寻找湖泊。如果我找到了就鸣枪三声提醒他们过去;如果没有找到,鸣枪两声表示要返回。当然了,他们也要对应地做出回应。

约定好了之后,我将水壶灌满泉水,又一次上路了。我沿着泉流行进,行走不到200米时,泉流便潜入地面之下了。我有些迷信,我认为我们都中了魔咒,无论是给我们引路的人,还是物,都像捣乱一样。但我不灰心,决定再次尝试,这时,我大胆地往左边走。"向左,向左。"这仿佛就是关键的地方。此时的浓雾已经散去,我终于可以清晰地看到这里的地形地貌了。我曾接连两次望向下面陡峭的山坡,心中有种大胆的想法就是下去看看,但犹豫片刻,依然还是沿着陡峭的边缘往前走。当我正站在岩石上深思之时,我听到了在我身下平地的林子里有一阵阵的响动,听上去像极了一种大型动物的走路声。为了满足我的好奇心,我悄悄地下去一探究竟,原来是一群小牛在那里优哉游哉地吃着草。这里还有它们踏出的小道,我们曾接连几次从这里穿过，并且还在那天早晨看到了山顶上一片平坦的绿草地，那是它们用来度过夜晚的地方。我之前想象到它们一定会为此受到惊吓，但实际并非如此，相反地，它们兴高采烈地围绕在我的身边，似乎想要知道外面世界的情况，过来向我打听——或许是牛市的行情吧。它们走到我面前，迫切地舔着我的手、衣服与枪。它们想要找到盐，但凡尝到有一丁点咸味的东西都可以。大部分小牛都一岁了，皮毛像极了鼹鼠的皮毛，柔软光滑，看上去颇有野生动物的风范。后来我们才知道，春季的时候，附近这一带的农民将自家的小牛群赶进林子里，到了秋季的时候就再赶回去。这样，它们就会有好的状况——并不像单纯人工喂养牧草的牛那样肥，肉中也不会有太多的肥膘，最关键的还是口感细滑柔嫩，像鹿肉一般美味。牛的主人会一个月来林中找它们一次，为它们提供盐。这里有它们经常走的路，它们也很少会走出确定的范围。观看它们吃东西是一件有趣的事，它们会啃低矮的树枝，啃灌木与其他各种各样的植物，无论什么东西，它们都会用力咀嚼。

　　牛群试图跟着我走，我从一些陡峭的岩石上爬下来，避开了它们。这个时候，我才发现我已经渐渐地以螺旋状，绕着山边行进。我四处看了一下树林与地貌，希望能够捕捉到某种湖的影子或迹象。果不其然，森林慢慢开阔起来了，下坡路也开始变得不那么险峻了。树木笔直高挺，大小都一致。这里，我首次看到了黑桦树，它的数量非常多，我的信心顿时高涨起来。侧耳倾听，从那卷起落叶的微风中，我听到了自认为牛蛙的叫声。受此提示，我以最快的速度穿过树林。然后，再次停下脚步仔细地听。这次绝对没有错，是牛蛙的叫声。我带着激动与喜悦的心情向前跑去。渐渐地，一边跑，一边还听着它们的叫声："噗嘶啦咯，噗嘶啦咯"，老牛蛙也带着沙哑而低沉的声音叫着："噗咯，噗咯"，小牛蛙带着它那细细的尖叫加入这一片嘈杂的声浪中来。

然后，我又将视线转移至低矮树的缝隙处，一道蓝光闪过。开始我认为那是远处的天空；再看过去，我发现了，原来那是水；没过一会，我就从林子里走出来，站到了湖边。我强烈抑制着内心的狂喜，静静地站在那里。最终，我找到了它，早晨，阳光明媚，照射得湖水闪烁，那么美丽，如同自己正在梦境里一般。在昏暗茂密的树林里迷失了那么久，刚刚看到如此宽阔的地带，看到让人欢快的色彩，感觉无比喜悦。我的目光就像一只逃出笼子的鸟儿那样欢乐兴奋，我沉浸在这片景色中，不由自主地跳来跳去。

湖泊的形状是长长的椭圆形，方圆只有 1 英里多，湖畔的树木茂盛，四周渐渐地隆起来了。我静静地凝视了一会平静的湖面，然后走回林子，枪里装满子弹，放了 3 枪，声音在群山中回荡着。很快，牛蛙也停止了它们的叫声，我侧耳倾听，等待着回应，但却一点也没有听到。然后，我又一次次地尝试着，依然还是那么安静。之后，我才知道，我其中的一个同伴在爬到泉流后面的岩石顶上时，仿佛隐约间听到了一声传递信息的枪声，那声音似乎是从山下很远的地方传过来的。我知道自己已经离原地很远了，所以，不可能用事先约定好的方法与他们取得联系了。于是，我又选择了另一条路线往回走。返回的途中，我再次给枪装满了弹药，隔一会儿就开一枪。我的枪声似乎唤醒了很多与瑞普·凡·温克尔一样沉睡了多年的人。因为剩余的弹药越来越少，我只能将开枪的间隔拉长，时而朝天开一枪，时而高声喊叫，直至我将喉咙喊破，子弹打光。最后，我开始产生了一种不好的感觉，恐惧与绝望伴随着我。我当时不知所措，环顾着四周，想寻找一条出路，以便在紧急的情况下可以逃脱。可以这样说，我现在已经找到了那个湖泊，但却与同伴失散了。这时，一阵微风给我带来了希望，他们送来了最后一声回应的枪声。我异常兴奋，也随着回应了一声枪响，加快速度朝枪声传来的方向跑去。但是我尝试着再次开枪给予他们信号的时候，却没有了回应，我再次陷入了忧虑。我担心同伴受到了枪声的误导，朝反方向跑去了，我当时的心情非常急切，想要将他们叫回来，却没有留意自己的路线，为此我也付出了很大的代价。庆幸的是他们并没有选错路，不久之后，传来了一阵高声的呼应，这就证明了他们就在附近。他们的脚步声传到我的耳中，我们只隔了一道树枝，拨开之后，我们三人会合了。

　　他们急切地询问着，我也给予了他们肯定的答案，让他们放下心来，告诉他们我在山脚下找到那湖了，就从我们所在的地方一直往下走，就可以到达了。

　　汗水不断地流着，浸湿了我的衣服，我却依然背上了我的背包，开始往山下走。我发现这边的树林和我之前穿过的林子一点都不一样了，这里的树林更加茂盛，但这时我却没有多想，我认为我们快要达到湖口了，之前去的是湖的尾部。还没走几步，我们就穿过了一行有标志的树木，我的朋友们都想要沿着那行树走。我们现在所走的路与那条路几乎呈直角交叉，一直通往上边的山坡。我印象中的它是从湖那边出来的路，我们如果沿着这条路走，可以以更快的速度到达目的地。

　　走到了半山腰，我通过树枝间的缝隙看到了对面的山坡。为了给同伴鼓励，我告诉他们湖就在我们与那一山坡之间，不到半英里的距离。我们以最快的速度来到山底，看到了一条小溪与一大片桤木湿地，很显然，这是一个多年以前的湖床。我的同伴开始疑虑了，可以看出他们也很恼怒，我对他们解释道："也许我们现在正在湖的上方，我肯定这条小溪可以通向那个湖。"同伴说:"那就沿着它走吧,我们在这里等你的消息。"

于是,我沿着小溪往前继续走,走的时候,觉得自己是被符咒给迷住了;那个湖竟然悄无声息地从我眼皮子底下消失了。我继续走着,一点湖的迹象也看不到了,在湿地的上方有棵枯死山毛榉,我放下背包,爬了上去,上了树顶就可以更好地看到周围的情况了。我爬到了可以支撑我的最高的树枝上四处瞭望,这时树枝突然咔嚓一声,我瞬间像只笨熊似的跌落在了地上。虽然我只是稍稍瞥了一眼乡村的概貌,但这已经足以让我判定这附近并没有湖。但我仍不甘心,将所有加重我负担的东西都留在这儿,只背了一杆枪,继续上路。我在另一片桤木湿地艰难地前行着,大约走了半英里的路程。我自认为自己很了不起,很得意的样子,我觉得离湖不远了。我看到了一道呈半圆形的低矮的山脊,我觉得我当时是那么的天真,认为山脊怀抱着我要寻找的目标。但我找到的却是另一片桤木湿地,走出湿地,我看到沿山路而下的小溪水开始变得很湍急了,它的两岸也更高更窄了。奔腾咆哮的水声回荡在我耳边,那声音仿佛是在讽刺嘲笑着我。我的心情复杂,厌恶、羞愧、苦恼交织在一起,带着复杂的心情,我又转身往回走。其实,我离开了将近两个小时,当时又饿又累,无精打采地返回到同伴身边,整个人几乎要垮掉了。我现在宁愿以极低的价格将我对托马斯湖的兴趣卖出去,我平生第一次发自内心地想要离开森林,让托马斯独占他的湖,让巫师就这样保卫着他的领地。我对托马斯是否第二次找到过那个湖产生了怀疑,甚至对是否还有其他人曾经找到过那个湖也表示怀疑。

我的两个朋友此时精神抖擞,他们并不像我一样表示气馁,相反的是信心十足。我休息了一会儿,不慌不忙地吃了一小块面包,接着喝了两口威士忌,现在是非常时期,能省自然是要省的。此时,我的体力恢复了不少。之后,我还是接受了他们的提议,准备再次尝试一下。这时附近的一只知更鸟唱起欢快的歌,似乎是为了打消我们的疑虑,给我们鼓劲打气一般;一只冬鷦鷯也放声歌唱了,这是我首次在这一带林子里听到冬鷦鷯的歌声,悦耳动听,带着满腔热情。毫无疑问,这种鸟是鸣禽中啼鸣声最好听的。他的歌声如此美妙,如潺潺的流水一般。如果他好似金丝雀那般被关在笼中,也可以长得好看,唱得好听,那他将远远超越金丝雀。这种鸟拥有金丝雀那般的活力与多才多艺,而且声音也不像金丝雀那般刺耳。

我们再次沿路折返,从那块岩石绕过去,再度上山,这次我们下定决心要一直沿着那行有标志的树木走,我们也照此做了。在走过这里向右转时,我们发现一直靠左侧走还是正确的。那条小径从地面缓缓升高,没超出 20 分钟,我们就来到了我找到湖时路过的那片树林。我明白了我刚才为什么会犯那样的错误,我们靠山的右边走得太远了,所以才会到达山脉的另一边,进入我们后来才知道的桤木溪溪谷。

这个时候,我们是那么的开心。不久,我又一次透过树林的缝隙看到了犹如天际的一抹蓝色。我们快要到湖边时,一只落单的土拨鼠(这是我自进入林中以来遇到的第一只野生动物)蹲在树根上,那根树根离地面有几英尺高,很明显可以看出来,它会因面对由陆地那边毫无防备的危险而无所适从。它一点退路都没有,但丝毫不感到害怕,从容地面对着自己正在面临的命运。我如同一个野蛮人似的宰了它,同样也是因为我想要吃它的肉。

午后的阳光洒在了湖面上,微风习习,碧波荡漾,一阵阵碧波在微风的驱使下轻轻拍打着湖岸。湖的对岸,一群牛儿吃着草,在湖的这边还可以听到领头牛的牛铃声,在这一片旷野上,叮叮当当的响声悦耳动听,在这里可以听到原生态的声音。

在这里首先要做的就是钓鳟鱼。于是,我们找来了停泊在湖畔的一只制作粗糙的木筏,两个人上了木筏,泛舟在大约一米深的托马斯湖湖面上,将第一个鱼饵抛向湖中。但鳟鱼却迟迟不肯上钩。坦言之,在那里逗留期间,钓到的鳟鱼的总数还不足五六条呢。而在一个星期前,有三个人结伴来到这里,只用了数小时就钓到了很多鳟鱼,满载而归,让他们的左邻右舍一直吃到对鳟鱼不感兴趣为止。此时,不知是什么原因,鳟鱼却不肯上钩了,或者干脆它们都不碰鱼饵了。无可奈何之下,我们只好捉翻车鱼了,这种鱼虽然个头不大,但数量却很多,它们的栖息地也是沿着湖畔而筑的。在好似餐盘大的一处地方,将沉积物与腐烂的杂草清除了之后,露出了鲜亮的鹅卵石底部,其中还悬浮着一两尾鱼。它们非常警惕地监视着周围,一旦有入侵者靠近,便会恶狠狠地冲向那些入侵者。这些鱼虽然很小却有着好斗的气势,身上带着锋利的鱼鳍和体刺。鱼鳍分别列于两侧,在与其他鱼类短兵相接的斗争中,它们则属于有一些危险的家伙。如果一个非常饥饿的人面对这些也像是那铁杉树针状的树叶的家伙,并不会对其感兴趣。可是我们却发现,尽管这种鱼的刺多肉少,但口感却鲜美可口。

饭后我精神抖擞,在西斜夕阳的伴随下,又一次出发了。我要去寻找湖的出口,尝试着再看下是否还可以钓到鳟鱼。而我的同伴则还要在湖中试一下自己的身手。湖的出口处与水域的状况相似,非常平缓而又隐秘。那条溪流有6至8英尺宽,在流过15至20码的水路之后,显得那么安静而又平缓,然后就像仿佛突然间意识到了自由是那么可贵似的,顺着岩石陡然跌落而下。从那个地方一直到我循着它往下走的那一段水程里,溪水陡然而下,形成了很多层连续的小瀑布,就像是立在山路上的一层层台阶。这条溪流从外观上看,让人觉得当中会有很多鳟鱼,但实际上却不是很多。不过我返回营地时,还是提了一长串数量非常可观的鳟鱼。

太阳落山之时,我到处走了一下,对湖的入口处也进行了考察,发现那边的溪流都在湿地上缓缓地蜿蜒流过。那里的溪水水温要凉于出口处的,水里的鳟鱼也要多于那里。我选择了那条满是泥泞的道路,穿过了枝繁叶茂的灌木林,这时,一只披肩鸡跳落到离我不远的一截树枝上,摆动着尾翼立刻就要飞离这里了。这时,因为我手中没有枪,所以一动不动,没多久,他便摆脱了树枝跳下来离开了。

我作为一个鸟类探索者,对他们当中陌生的朋友非常敏感。所以,在一入湿地时,我就会被其中活跃欢快的歌声与鸣啭所吸引。歌声来自我头顶上方的树枝,这是我首次听到这样的乐曲。但是,这种鸟的歌声的音调中的某些成分又让我觉得他与林鹟鸫及水鹟鸫或者鸫科鸣禽有某种亲族关系。他发出的声音就像金丝雀那般响亮而又抑扬顿挫,但是却很短促。那只鸟藏身于高树枝上,所以,我用了很长的时间来寻找他。我在树下来回踱步很多次,当我走到溪水的某一处有小拐弯的地方时,他的啼鸣声又一次响起,可是,当我绕过这个地方之后,他的声音又停顿下来;毋庸置疑,他的巢离这儿不远。不久,我就看到了那只鸟,并且还将他击落在地。结果,我看到的是一只小水鸫,或北方水鸫——我从未见过这样的鸟。正如奥杜邦所述,他的体形要小于大水鸫或者路易斯安那州水鸫,但在其他方面,如总体外观,还是与后者相似的。对我来说,这是一件令人高兴的事,我又一次觉得自己是那么的幸运。

有资历的鸟类学家并不了解这种鸟,而年轻的鸟类学者描述他时又不是很充分。他用青苔在地面上或者在腐朽的原木边缘筑起了鸟巢。一位与我有书信往来的人在给我的信中说,他发现了这种水鸫在宾夕法尼亚州的山区里繁衍生息。大喙水鸫鸣啭时悦耳动听,有种其他鸟儿无法超越的美感,但眼前这种小水鸫有着活跃而欢乐的歌喉。我看到这只鸟的标本,与其家族的生活习性相差甚远,像只莺似的,栖息在树的顶端,似乎正忙于捕捉虫子。

在湖口一带有各种各样的鸟类,而且数量也很多。因此,这里异常喧闹,啄木鸟、知更鸟与冠蓝鸦用他们再熟悉不过的乐曲来迎接我。冠蓝鸦在面对危急情况时会大声发出警告,当他发现了在我上方不远处有一只猫头鹰,或者某种凶猛的动物时,便这样叫起来,那声音一直持续到夜色将树林笼罩之时。

当天在其他两三个地点我还听到了某种啄木鸟敲击坚硬干枯的树枝而发出的独特且响亮的声音。这种声音响彻林间,但这种声音与以往我曾听到的任何其他此类鸟的声音不同，它时断时续地回荡在林中，很有特色，也很吸引人。它的独特之处就在于那是一种从容不慌、有条不紊的敲击声，仿佛在这次表演之前就演练过一样。首先发出的是三声急促的敲击，片刻之后，发出了两声更响亮但间隔较长的敲击声。这种声音我在这里听到了，而第二天的日落时分，在弗尔洛湖——枯水溪的源头我又一次听到了，节奏一点也没有改变。这种敲击乐中带着一种旋律，那是啄木鸟擅长从光滑干枯的树枝上击起的一种旋律。这就将鸟鸣中的一种生动、极具悦耳的特点表现得淋漓尽致，它也带有森林与原野的气息。这些林子里以黄腹吸汁啄木鸟居多，我便将此曲封为他的杰作。那种与森林景致相联系的声音深深烙在我的心中。

日落之时，湖畔的林中到处都回响着松鸡敲击时的叫声。我可以听到有五只松鸡在鸣叫："哟噗，哟噗，哟噗，哟噗，嘶啰——啰——啰——啰——啰——啰——啰啰。"这种欢迎声是如此亲切友好！迎着暮色，我返回至营地，湖畔沿岸的青蛙也齐声叫个不停。老青蛙也使足了浑身的劲儿扯着嗓门互相对歌。我所了解的与青蛙体型一样大的动物没有一个能够超越它的声音，当中有的青蛙的叫声就如同两岁的公牛的叫声那样响亮。它们的体形较大，数量也繁多。这便很明显可以看出，没有捕蛙者来过这里捕捉它们。我们在湖畔附近伐倒了一棵树,倒下的树向湖中伸去。一大群青蛙纷纷而聚,在树干与树枝上,就像是一群喧闹的学童一样,在半在水中、半露于水面的树顶上嬉戏玩水。

夜幕降临了,我煎鱼的时候,一不小心就将满满一盘大鳟鱼翻弄到了火中。我们都神情悲痛地看着这个由于意外带来的不可挽回的局面,因为现在这一锅鳟鱼几乎是我们唯一可食用的食物。最后我们想在灰烬中也许还可以找到些可以吃的食物,于是我们就从炭火中捞出了烤焦的鱼,剥去外层烧焦的地方吃了起来,味道还是不错的。

当天晚上我们就在一片灌木丛中休息了,那夜睡得很香。山毛榉的细枝嫩绿弯曲,在上面铺上野牛皮地毯,躺在上面的感觉与松软的床垫不相上下。下午的那堆篝火散发出的热与烟将这里所有"看不见的敌人"都驱走了。第二天清晨睁开眼时,太阳已经爬到了山顶。

我立即动身又一次到达了湖的入口处,并且溯着溪水到达了它的源头,一大串鳟鱼做早餐算是对我的回报。佩戴着牛铃的牛群就位于溪谷口处,晚上它们也是在那里过的夜。它们中大部分是两岁大的公牛,朝着我走过来讨盐吃,它们的这种无理取闹将鱼都吓跑了。

那天早上我们吃完了面包,同时还吃光了捕获的鱼,准备要在

10 点左右离开湖畔。晴朗的天空下，湖泊仿佛一颗蓝宝石，我真想在这个地方待上一个星期，但由于物质匮乏，返程势在必行。

返程途中，当我们到达了前天经过的那行刻有标志的树时又出现了令人烦闷的难题：我们是要继续沿着这行树的路线走呢？还是要沿着之前我们自己探索出来的那条路返回至泉水与山顶上的那道石壁，然后再找到我们与向导分开的那块有岩石的地方呢？最终，我们还是决定按原路返回。在此期间，我们足足走了 45 分钟，走完了刻有标志的树，我们推断了一下，这里已经离我们与向导分开的地方不远了，于是，我们就生起了火，将行李放下，环顾四周，寻找有用的线索，这样才可以确定我们所在的准确位置。我们就这样向四周观望了将近一个小时，但仍然一无所获。我发现了一窝小松鸡，他们很想躲开我。这时，老松鸡也带着愤怒向我叫嚣，试图吸引我的注意，那样的话，她就可以让自己的那些不会飞的小家伙们躲藏起来。她呜呜呜地哀叫着，就像一只带着痛苦的狗一般，拖着自己的身体，看上去在艰难地移动着。我追逐她的时候，她的动作变得异常敏捷，奔跑着，还要时不时地飞上几米。随着我的穷追不舍，她的飞行距离越来越远了，直至离开了地面，啼叫着飞过树林，就像是对地一点兴趣也没有了一样。我返回至原处，捉住了一只正蹲在树叶边的小松鸡。我将他放在我的手掌，他像是在地面上似的缩成了一团。之后,我又将他放在了我大衣的袖子里,然后他就跑到我的腋窝下依偎着。

当看到炊烟时,我们对于哪条路是最好的这个问题又产生了不一样的看法。毋庸置疑,走出这片树林将不在话下,但我们还想更快地走出树林,更快地到达我们进入这里的那个地方。胆小让我们变得更加犹豫不决,最后,我们还是极不情愿地返回至那行刻有标志的树那里,沿着老路回到了山顶上的那道泉流旁边。向四周搜索了一番之后才发现我们是在两小时前离开的那个地方,于是又经过了一番商议与争论。但当断则断!这时已经下午 3 时左右了,我们一点充饥与解渴的东西也没有了,以这样的境遇在山中过一晚上确实不可行。于是我们就沿着山脊向下走。这时,我们又看到了刻着标志的一行树,这条路与我们已经走过的路呈钝角。它绵延至山脊的最高处约 1 英里的距离,然后就无影无踪了。可想而知,我们又一次迷路了。这时,我们当中有个人下定决心说,无论如何都要走出这片森林,而且还要向右转,马上就沿着山的边缘处向下走。我们其他人也都跟着他,但我们都希望能停下来,再细细斟酌一番,以便确定我们应该朝哪边走才能走出这片林子。我们的这位领头者当机立断地就处理了这一件事,我们继续朝山下走着,走得我们就像是被带到了地壳的深处一样——这是我们至今为止走得最陡的一条下山路,我们当时很恐惧,但也非常满足,因为我们都知道,这次不论结局怎样,都只能继续向前走,往下走。走累了,我们就在一块自峭壁突出的岩架边缘停下来稍作歇息,这时,无意间透过树丛的缝隙,我们看到了远处开垦过的土地,隐隐约约还可以看到一座房舍与谷仓。我们的信心又增至百倍。但是我们却无法辨别它是在磨坊溪、海狸溪,还是枯水溪,不过我们并没有多余的时间待在这里去考虑这个问题。最后,我们走至一道深谷的最下端,那里有一道湍急的溪流穿过,其中还有很多鳟鱼,但此时我们并没有心情来捕捉它们。我们继续沿着河道走着,有时要从一块岩石跳至另一块岩石,有时要放开胆量涉水行走,与此同时,还要猜想一下应该从哪里走出去。我的朋友则认为我们会从海狸溪出去,但从太阳所在的方位来看,我说会从磨坊溪出来。我记得,我们在来时沿着这条溪溯水而上的时候,当时看到了一道很深的、很荒凉的溪谷通向了山中,很像现在看到的这道溪谷。没过多久,溪岸就开始变低了,我们走入了林子。从这里我们来到了一条昏暗的林道上,沿着这条路,我们很快就进入了一大片铁杉林里。这时,地势开始缓缓上升了,由此,我们便开始纳闷了,为什么在这些林子里,那些来来回回寻觅的伐木工与制革工会手下留情呢?他们让这一片优质的林区没有一点损失。而在这片铁杉林的后边,大部分分布着桦树与枫树。

这时,我们离一个小村落已经非常近了,甚至可以听到人的声音了。前方的五六米处就没有树林了,我们走出来了。过了一会之后,我们才彻底明白了我们究竟在那儿。乍一看,一切都是那么的陌生,但很快,眼前的一切就又一次发生了变化,我们开始找回了那些熟悉的色彩。就像是在变魔术似的,展现在我眼前的不再是刚刚乍一看时那样显得陌生的小村落了,而是在两天之前我们所经过的那座农舍,同时我们还听到了一行人在谷仓中的脚步声。没想到我们这么走运,为此我们坐下来开心地大笑着,我们不敢想象当时找路的时候是多么的绝望,但通过大胆地尝试而有了完美的结局,多么的欣慰啊,这超越了所有的、非常英明的计划。留在农舍的朋友们也预料到了:这时我们也该返回了,他们将晚餐都准备在桌子上了。

这时是下午5点,算一算,我们在森林里待了整整48个小时。就如同哲学家所言,时间就是现象;而生命,就如诗人所说的,在于感觉。那么,这时我们成熟的程度与两天前进行比较的话,从时间上来说,即使不像经历了几年,也像是经历了几个月了,与此同时,我们又年轻了很多——尽管这是自相矛盾的,但桦树为我们灌入了新鲜的活力,即它们所拥有的力量与柔韧性。

Fire Crowned
& Common Gold Crest

Chapter 7

蓝鸲

在大自然制作蓝鸲的时候，她希望能够同时对蓝天和大地进行抚慰，因此她给予了他蓝天一样颜色的背部，大地一样色彩的胸部，同时还赋予其一个非常神圣的使命：春天他的出现代表着天与地之间的纷争和冲突从此结束，并握手言和成为最好的朋友。他是一个和平的使者。他意味着田地，意味着温暖，意味着冬天逐渐退却的脚步，又意味着春天对于温暖的追求。

当蓝鸲发出的第一个音符响起的时候，那一定是一个 3 月阳光明媚的早晨；仿佛是天空回暖的感化找到了一种表达方式，从而让你耳朵接收到这样一个消息，他是那样温柔，那样有预见性，是一种稍有遗憾的希望。

"百慕大！百慕大！百慕大！"仿佛是在祈求，又像是在悲叹，同时还有很多观望的成分！我们的百慕大鸟——蓝鸲——紧随他的声音而至，尽管他可能只是在重复着他们种类的习惯而已，他只身来自卡罗来纳州、佛罗里达州甚至是弗吉尼亚州。在那里朝阳的山坡上，覆盖着郁郁葱葱的杉树和柿树，他能找得到属于自己的百慕大。

　　在新英格兰地区和纽约州，就在蓝鸲到达的那一天，糖槭开始分泌树液，制糖工作也随即开始。这时你只能听到蓝鸲的声音，却很难找到他的踪迹。在你看到他的两三天前，就只能听见他的鸣啭声不断地从空中传来。雄鸟要比雌鸟早来几天，他是先行者。等到雌鸟也到来以后，夫妻俩就开始寻找最佳的筑巢地点。等到产糖期结束以后，最后一点雪迹也已经融化了，犁铧在新翻出来的土地中闪烁着银色的光芒。

　　之所以蓝鸲能够引人注目，是因为他们的到来给北地风光增添了一道极为靓丽的色彩，给人满满的希望之感。大约同一个时间，其他的鸟类也开始纷纷而来——知更鸟、菲比霸鹟、麻雀——他们中的大部分都身穿中性色彩的衣服，如棕色、灰色、黄褐色等，然而知更鸟带来的颜色却是红、黄、蓝三原色中的一种色调，同时也是这三个色调中最神圣的。

　　这种鸟的特征与英格兰人记忆中的红胸知更鸟非常相似，

因此他被早期的新英格兰定居者称作蓝鸲。从体形上来看,蓝鸲要比红胸知更鸟大一倍;从色彩上来看,其胸部的红色在交界处的颜色也不像红胸知更鸟那样与橙色有些接近。但是从举止和习性上来看,这两种鸟有着非常大的相似性。我们的蓝鸲有着柔和的声音,但是英国的红胸知更鸟在演唱的技巧上要更胜一筹。红胸知更鸟的鸣啭悦耳动听,在英格兰,无论是在古老的灌木丛树篱中还是园林中,几乎常年都可以听到他们的歌唱,其音域要比我们的蓝鸲宽广很多。然而从另一个方面来看,英国的红胸知更鸟却略显逊色。尽管我们的蓝鸲也是冬季的留鸟,但是他与春天有着非常密切的联系,这一点英国红胸知更鸟就没有。蓝鸲灿烂的外衣是新大陆蔚蓝的天空和明媚的阳光所赋予的,要远远超过其大西洋彼岸的堂兄的外衣。

特别值得一提的事情是,在英国的众多鸟类中,并没有蓝色的鸟。在那儿的鸟类中,蔚蓝色的鸟似乎比这里还要罕见。而在我们这片大陆中,常见的蓝色鸟至少有三种。在我们所在的林区中,就有靛彩鸦和冠蓝鸦,尤其是靛彩鸦,他的颜色十分浓艳,是当之无愧的蓝色鸟。另外还有蓝色蜡嘴雀,他的蓝色相比起靛彩鸦来丝毫不会逊色,而在莺科鸣禽中,蓝色也是十分常见的。

更加有趣的是,在这个国家,蓝鸲的踪迹几乎是随处可见,即使你到了西部，也依然能够看到他可爱的身影，只是在色彩和噪音上稍有一点儿变化，但这对于他们的共同特征来说简直是微不足道，只是让你更加体会到蓝鸲多样性的魅力而已。

西部的蓝鸲经常会被看成是非常独特的一种，其色彩要比东部的兄弟更加明艳动人。在纳托尔看来，西部蓝鸲的歌声更加丰富多彩，更加柔和悦耳。他的颜色与深蓝色非常接近，一条栗红色的带子披在他的肩部——我估计，这种色彩组合也是加利福尼亚州奇妙的天空和辽阔无垠的西部平原所特有的结果。如果你走进西部的山区，在里面就会发现北极蓝鸲，她胸部的赤褐色已经变成了蓝绿色，且拥有更尖更长的羽翼。但是从其他方面来看，几乎与我们这儿的种类相差无几。

通常蓝鸲的巢穴筑在残留的树根或者是树桩的洞里，或者他们也会在啄木鸟已经啄好的洞中筑巢，不过他们最初具有非常大的冲动，总是非要将寻找巢址的热情完全展示出来不可。那些鸟儿夫妻每天都要在农舍上演一出欢快的寻巢好戏，先是觉得小鸽子的屋舍是不错的选择，之后又开始热烈地讨论去年燕子留下来的巢是否合适，或者他们会充满激情地展示已经据为己有的紫崖燕或鹟鹩的房舍。然而，大自然的脚步一天天逼近，寻巢的时间已经非常紧迫，这时，这一出精彩的演出才在不得已的情况下收场。最终，大多数的蓝鸲都在偏远的荒野中的旧居中安顿下来,不是在枯树枝上,就是在树洞中,紧接着开始认真地干起活来。

在这种情况下,只要你向鸟巢悄悄地靠近,并且将出入口控制起来,那么捉住雌鸟就是一件轻而易举的事情。看到没有逃生的希望,鸟儿便很少再尝试逃跑了。于是她就待在巢里束手就擒,让你的手一点点地向她逼近。我曾经俯下身子去察看她的洞穴,只见这个可怜的家伙瑟瑟发抖,恐惧的眼睛睁得非常大,并且不断地向上观望,丝毫不动。但是等我稍微再往后退几步的时候,她就会猛地冲出洞穴,并且大声地叫着,叫声将雄鸟尽快地召回了现场。她张开翅膀鸣叫着,似乎充满了恳求的意思,但是却没有任何责怪和愤怒的意味,这一点和大多数的鸟儿有很大的不同。实际上,这种鸟儿并不会对人们恶语相向,更不会去做出一些伤害他人的事情。

之所以某些鸟儿会选择在地上筑巢,正是因为他们具有某些诱使别人远离其巢穴的手段或技巧,例如假装断翅、跛足或者是背部受伤。当受到追捕的威胁时,他们就会装出一副很容易就被擒获的样子。而那些把巢筑在树上的鸟儿会把自己的巢穴伪装隐藏起来,或者直接将巢筑在人们根本无法直接靠近的地方,但是这两点蓝鸲都不具备,因此,他的巢很容易就被人们发现了。

尽管巢穴很容易被人们发现,但是真正来自人类的危害却相对不多。对正在抱窝的蓝鸲来说,真正对其巢穴构成威胁的敌人是松鼠和蛇。我听说过这样一件事情,有一个农家男孩特别喜欢掏蓝鸲的巢,往往还会将巢中的老鸟一块掏出来。有一天正当他把手放进鸟巢的时候,忽然感觉到接触的物体有一些奇怪,于是急忙把手缩了回来,然后紧随他的手出来的是一条大黑蛇的头和脖子。那个男孩慌极了,拔腿就跑,后面的大黑蛇猛追不放,一步步地向前逼近,直到农夫拿着牛鞭赶来,男孩才被解救下来。

　　雄性蓝鸲是鸟类世界中最忠诚、最快乐的丈夫。在我所熟悉的大多数鸟类中,雌鸟几乎承担了所有生活的重担,而雄鸟则无忧无虑,并且想要急切地表现自己,而雌鸟总是尽心竭力地履行职责,唯恐有一丝疏忽。雄鸟与她形影不离,只是她的随从。无论去哪里,他从不会操心怎样去飞行,也不会发出任何号令,只是紧紧地跟随着雌鸟,为她加油喝彩。与雄鸟充满浪漫和诗意的生活相比,雌鸟的生活几乎完全被乏味和事务所占据。她每天除了干本职工作以外,几乎没有任何娱乐可言,每天的工作就是操持家务,养育后代。她从来不会向雄鸟示爱,即使是在和他交往的过程中也毫无快乐可言。她之所以会不断地容忍他,就是因为她把他看成是作用不大但是又必不可少的陪衬,一旦他不幸被杀掉了,她就会立马再找一个,就好像人们找玻璃工或者水管工一样方便。在大多数的情况下,雄鸟就像公司里陪衬性的合伙人,因此对流动资本几乎没有做出任何贡献。像啄木鸟、燕子、鹪鹩这样的鸟,两性关系的保持似乎比较平等,不过食米鸟的反差却是最大的。食米鸟求爱的方式是阿拉伯式的,雌鸟拼命地逃跑,而雄鸟则使劲地追逐。如果不是那些新孵出来的雏鸟作为证明,我们实在很难想象他们之间会有怎样的亲密关系。

　　但是对于知更鸟而言,这种两性关系却有很大的不同。雄鸟不仅仅是陪衬的角色,同时具有非常实用的价值。他始终充当着一个欢快的保护者的角色,时时刻刻地守护在雌鸟的身边。她抱窝的时候,他会定期给她喂食。他们夫妻筑巢也是一件非常欢乐的事情。雄鸟在寻找巢址方面非常积极,不断地探索着那些洞穴和小巢,但是他似乎在这件事情上并没有多少选择的余地,于是只能不断地努力去讨好自己的伴侣;雌鸟的想法非常务实,知道自己的巢最适合筑在哪里。因此当雌鸟将新巢的地址选好以后,雄鸟就会高声地为她喝彩,之后夫妻双双离开,共同去寻找筑巢用的材料。在这个过程中,雄鸟总是负责护卫的工作,他一直飞在雌鸟的前面的上方。她将所有的筑巢材料都运回来,并且承担其他筑巢的工作,而他则负责欣赏雌鸟的每一个动作,并且为她加油鼓劲。另外,他还扮演着筑巢这一工程的监工角色,但是在我看来,他是一个带有偏见的监工。雌鸟将一丁点儿的干麦秸和干草衔进巢里,然后根据自己的喜好将它铺好,等到完成以后,她退出来,站在近处观望。这时候,雄鸟会进巢中察看,等到出来的时候,会毫无掩饰地大声夸赞:"太好了!太好了!"随后,夫妻俩双双离开去寻找更多的材料。

当蓝鸲将自己的巢址选在农舍附近的时候,偶尔就会跟燕子发生一些不愉快的事情。根据我的了解,在上一个季度,一对燕子的巢穴被一对蓝鸲侵占,前者属于崖燕,现在这些崖燕把他们的巢筑在谷仓的屋檐下。蓝鸲之前一直生活在一个小鸟巢中,但是这种生活也被迫结束了。在那里,他们的邻居是老鼠或者鼬鼠,毫无疑问,这使他们的心情总是不好。随着季节的推移,他们使用强行的手段进入邻居的土坯房中,并且在里面居住了一段时间。不过我相信,他们最后一定撤离了,因为他们并不愿意与嘈杂的邻居共同生活。我还听说过一件有趣的事情,当燕子的巢穴再一次被菲比霸鹟侵占之后,他们就会乘敌人在巢里的时候,向其中投掷碎石,直到将巢口死死地堵住。在所有的复仇中,这恐怕是最彻底也最残忍的一种吧。

更加频繁的冲突来自蓝鸲和莺鹪鹩。几年以前,我在自己的后花园给莺鹪鹩提供了一个小的住所。然而每一年的春天都会有一对蓝鸲进入这个小鸟舍察看，并且在此居住几天，我总以为，这下他们肯定要将这个小鸟舍据为己有了，但是事实并不是我想的那样，最后他们飞走了。到了春天的末期，一对莺鹩鹩出现了，卿卿我我之后，就像以往一样把窝安在这个老地方，享受着只有莺鹩鹩他们自己才能感受到的幸福。

我们有一位年轻诗人迈伦·本顿对一只小鸟有过这样的描述：

他陶醉着，急疾地颤动着。

我猜想他见到的这只小鸟一定就是莺鹩鹩，因为到目前为止我还没有发现其他的鸟儿在唱歌时会像一个小浪子一样充满活力，并且全身颤动着。而且，我说起的那一对鸟夫妻每天都是开心欢乐的，好像有无数支曲子藏在那雄鸟的嗉囊中，时刻等待着爆发，这使得他一天中的每一个时刻都在"颤动着"。可是还没等到他们的蜜月度完，蓝鸲就回来了。一天清晨，我还没有起床就知道有事情发生了。因为从窗外传进来的声音与往常有着很大的区别，不再是那种缠绵流畅的歌声，而是莺鹩鹩惊恐的叫声和愤怒的责骂声。我向屋子外面走去，看到那间鸟舍已经被蓝鸲占据了，可怜的莺鹩鹩正沉浸在一片痛苦的绝望中，他们以莺鹩鹩自己的方式表达着内心的愤怒，捶胸顿足，不断地撕扯着羽毛。他们唯一能做的就是不断叽叽喳喳地对入侵者宣泄着心中的愤怒与不满。如果他们这样的叫声能够被译成人类的语言的话,那一定是最难听的脏话、下流话,因为莺鹩鹩并不是讲礼貌的鸟,据我所知,还没有任何其他的鸟可以在口舌上战胜它。

蓝鸲并没有出声,不过雄鸟一直在密切关注着"鹪鹩先生",只要后者稍有靠近,他便起身追逐驱赶,而那个可怜的"鹪鹩先生"只得在垃圾堆、篱笆或者是其他的物体下面躲藏。在那里,"鹪鹩先生"总是非常愤怒地大骂着,一刻也不停歇,而那个可恶的追逐者则在豌豆丛或篱笆中栖息着,等待着他的再次出现。

日子就这样一天天地过去了,非法入侵的家庭逐渐兴旺起来,而那个被撵出来的家庭却十分可怜,他们还常常在这旧居的附近徘徊,虎视眈眈地盯着这个家庭的动静,对他们的敌人恶语相向,并且毫无疑问,他们希望有一天形势能够有所转变,对自己更加有利。正像他们所期望的一样,这一天终于到来了,格外愤怒的莺鹩鹩终于报仇雪恨了。蓝鸲的雌鸟已经下了足够的蛋,准备孵化,不幸的是她的配偶正栖息在她所处上方的谷仓里,这时一个男孩拿着一把弹性十足的弹弓走过来,然后用一粒石子轻松地将他打死了。他的尸体掉在草地上,看起来就好像是一抹蓝天掉在草地上一样。这位已经失去丈夫的雌鸟好像明白了已经发生的悲剧,于是她也没有再多话,只是在第二天默默地消失,去寻找另外的配偶了。关于这一点我也并不是非常清楚,在没有大声地向外宣扬自己有什么意愿的情况下,她究竟是如何让自己如愿以偿的。但是根据我的猜想,鸟儿肯定也有推销自己的一套方法,从而去满足自己的心愿。也许在她心中还抱有一定的期望,希望好运能够降临在自己的头上——遇到一个正好失去妻子的鳏夫或者是一个单身的流浪汉,来安慰自己这个失去丈夫一天的雌鸟。顺便说一下,在鸟类中,那些单身的雄鸟没有什么可以选择的机会,他们几乎都有过被拒绝的经历,但是却从来没有找不到配偶的雌鸟,哪怕是一只已经上了年纪的老雌鸟。每一个姑娘都能够找到一个称心如意的小伙子,并且经常还有很多选择的机会。

雄鸟羽毛鲜艳、歌声嘹亮,因此在季节性迁徙的时候总是飞在队伍的最前面,这样看起来就更加显眼。仿佛总是害怕供不应求,因此雄鸟的数量总要多出来一些,这样一来,就注定没有足够的雌鸟来进行配对,落单的雄鸟只好做单身一族。但是在季节变换还没有结束的时候,他们总会等到一个合适的时机去填补一些做丈夫的空缺。

与此同时,莺鹟鹩正是兴奋的时候,甚至已经高兴到忘乎所以的地步,他们欢乐地尖叫着。如果在此之前,就好像诗人形容的一样"陶醉着,急疾地颤动着",那么此时此刻,他激动得恨不得将自己撕成碎片。他将嗓子放开高声地歌唱着,简直是从未有过的欢乐。雌鸟同样也十分欢乐,她总是咯咯地叫着,来来回回地飞。他们仿佛一下子变得忙碌起来。他们冲进巢里,用了不到一分钟的时间就将那只蓝鸲的蛋全部清出来,速度相当惊人。他们又去找了一些新的建筑材料,等到第三天的时候,他们就在之前老窝的基础上搭建了新窝;然而就在第三天,又发生了戏剧性的一幕,那只消失的雌鸟带着自己的新配偶回来了。很不幸,莺鹪鹩辛苦搭建的新窝在顷刻之间就被毁掉了。他们那小小的胸腔里该是多么的绝望和悲愤呀!他们实在是可怜,这一次,他们没有像之前那样责骂,而是在徘徊了一两天之后,悄无声息地离开了这个花园,从此放弃了这场战争。

蓝鸲发现她的蛋不见了,窝也发生了很大的变化,似乎已经感觉到有不好的事情发生,想要从那个旧巢避开,又或许她发现自己并不是特别着急需要一个新的丈夫,于是对于自己草率的决定感到后悔,想要将这个婚约解除掉。但是这个新丈夫并没有领悟到雌鸟的暗示,还是挖空心思去安慰她,打消她的疑虑。他没有经验,同时也十分幼稚。我几乎可以确定,在这只雌鸟经历丧夫失子之痛找到他之前,他所有的求婚都没有成功过。在他看来,那个鸟舍只不过是一个物品而已,并不值得她多么担心,同时他还连续几天在安慰雌鸟失落的情绪,想要劝说她回到那个旧巢中去。虽然自己成为这个家中的继父已经没有可能了,但是对于与雌鸟的密切关系他却没有放弃。他在那个小巢的上方不断地飞行盘旋着,进进出出。他啼叫着,鸣啭着,声调中似乎还有一些恳求的成分。雌鸟只是偶尔回应一下,飞过来,在附近的地方落下来,甚至向鸟巢里面进行窥探,但是她却并不愿意进去,很快又飞离那里。她的配偶尽管很不情愿,但是依然跟随着,很快又飞了回来,发出了非常振奋而自信的鸣叫声。如果她还没有跟来,他就在巢上栖息下来,不断地高声叫着,向他配偶的方向张望,并且不停地召唤。但是我们能听到的她的回应却很少。有几天,我只看见了雄鸟的影子,不过他最后也放弃了。那对鸟儿夫妻就这样消失了,而在剩下的夏日里,那个鸟舍并没有鸟儿入住。

Fire Crowned
& Common Gold Crest

Chapter 8

大自然的邀请

多年以前,我还是一个小孩子的时候,有一次和我的兄弟在一个星期日到林子中闲逛,目的就是去收集冬青树和黑桦等。当我们躺在地上看着这些树的时候,我看见一只鸟在我的上方枝头歇息了片刻,他是我之前没听说过、更没见过的一种鸟。也许他叫"蓝色黄背莺",后来我才发现他是我们林子中比较常见的一种鸟。然而在我的童年想象中,他就像是某种根本难以臆想的仙鸟。颤动的树杈分开了,这一瞬间,我看清了他,注意到他的翅膀上长着白色的斑点,然后很快就飞走了。从那以后,我对他的念想就没有停止过。对于我来说,他的出现是一种启示,让我第一次意识到,在我们熟悉的林中居然还藏着我们并不知道的鸟类。这难道是因为我的耳朵和眼睛迟钝的缘故吗？那个时候,在林子里或者是林子的交界处有很多种鸟,例如冠蓝鸦、蓝鸲、知更鸟、雪松太平鸟、黄喉林莺、褐斑翅雀、灰嘲鸫、啄木鸟、金翼啄木鸟等,偶尔你还会见到红衣主教雀甚至其他种类的鸟。可是谁曾想过那里面还有别的种类,即使猎人都不曾见到的让人们叫不出名字的鸟呢?

后来,我在某一年夏天又拿着枪走进那片林子,尽管儿时的梦想实现了,但是我却再也体味不到那份纯真的童趣。在我以前曾经走过的那些林子中确实还有别的鸟类,甚至许多都是我童年时代所不认识或没见过的,他们在这里婉转啼鸣、筑巢、繁衍生息。

这里还有很多等待鸟类学研究者去探索和发现的惊奇事物,另外,还有一些与之相伴的被激发起的新鲜感和喜悦、兴奋,以及随之而来十分强烈的好奇心。这些情感是其他任何追求都无法激起的。在鸟类学中迈出第一步,获得第一个新的鸟类标本,这样你就获得了在整个旅行中通行的门票。这其中的魅力极为强烈,简直让人无法忍受。这项活动并不是单一存在的,它可以与其他的活动搭配进行,例如打猎、钓鱼、散步、农活、宿营等,因为这些活动无一不是将人们带到树林和田野中去。你可以去采摘黑草莓,同时获得一个比较少见的发现,或者当你将牛羊赶向牧场的时候，能够听到一支新的曲子，然后进行一次新的观察。这里到处都藏着秘密。那些小树丛中都有新鲜的事情，小心翼翼走的每一步都充满新的希望。也许之前从来没有见过的奇妙之事会在下一个你意想不到的时刻出现在你的面前。树林是一个多么有趣的地方呀！那每一个角落都是你想要去探索的地方！即使你在林中已经迷失，也会感到充分的慰藉，因为那个时候，你可以听到猫头鹰和鸟儿在夜间的歌唱，并且在你迷路的途中，或许还能遇到某些你并不认识的鸟类。

在所有去河畔和森林的短途中，那些只身从事鸟类学研究的学者相比起他的同伴们来更具有优势。因为他的快乐要比别人多一种来源，也多一种让自己欢愉的途径。实际上，他是一箭双雕，甚至有时还可能是一箭三雕，当别人因为迷路而懊恼、不知所措的时候，他却可以坦然面对，随处都给自己找到乐趣。短嘴鸦的叫声给他一种宾至如归的感觉，所有的烦恼也都会在听到一声从未听到过的啼鸣或一支从未听到过的曲子时全部消散。奥杜邦漫步于拉布拉多海岸的时候，他比任何一个国王都要快乐。在茫茫的海面上航行，一只不曾见过的海鸥就会让他忘记晕船的痛苦。

大自然的神奇之处只有你体验之后才能知道，他的这般激情，旁观者是无法明白的。有时只要听见一两声鸟儿的啼鸣声，或看见三五只鸟儿的羽衣，就感觉足够了，他们会疑惑何必要费这么大的力气呢？当威尔逊为了他伟大的鸟类学研究向一位东部州的州长募集款项的时候，这位州长语气中充满了轻蔑的意味："谁会为了了解鸟类而捐出120美元呢？"事实上，购买知识的费用都是非常昂贵的，但是最贵的东西是没有市价的。州长阁下，请求你资助的并不仅仅是一门研究鸟类的知识，而是一种对森林和原野的新的兴趣、一服增进智力和丰富精神的补药、一把通往大自然宝库的新钥匙。你可以通过这一笔钱获得更多的东西，例如阳光、空气、有益身体的清爽和芳香，另外还能把你从混乱不堪、尔虞我诈的政治烦恼中解脱出来。

昨天温暖而晴朗，这在10月中是难得的一天。这一天我几乎一整天都待在洛克溪的峡谷中，这里树木郁郁葱葱，人烟罕至。溪边长着一棵柿子树，上面的柿子有几个掉进了溪水中。正当我在过膝的溪水中捞柿子的时候，一只林鸳鸯从小溪的上游飞过来，然后从我的头顶上飞过去；很快，他又飞了回来，向着上游飞去；然后，又折下身子，向下俯冲，从溪流的弯道处快速地掠过，准备落在一片幽暗安静的溪段，以免我看见他。我在那里大约待了半个时辰，那只林鸳鸯疯狂地惊叫着飞了起来。四周一片寂静，他飞起来时羽翼破空的声音和水花飞溅的声音我都能够听清。在附近，我还看到一处浣熊来水边寻找食物的痕迹，那泥沙中一串串的脚印格外明显。在我通过这一片隐秘的水域之前，一对灰颊鸫从眼前的地面上飞起来，最后在一截低矮的树枝上落下。

对于这只林鸳鸯在泥沙中留下的足迹，以及来自最北部的神秘的灰颊鸫为森林增添了多少的趣味和魅力，又有谁能知道呢？

鸟类学的知识仅仅依靠书本是学不到的，只有大自然中的鸟类才能够满足人们对鸟类学的学习。真正的学习必须亲自与鸟类进行接触，而书本上的知识只是一种入门的邀请和指南，即使已经没有新的鸟标本可以进行描述，也总有一片未知的新领域需要充满激情的年轻人去探索。对于那些最新发现的兴奋和激动，他们是有资格去感受的。

但同时，我必须要强调一点，书本上的知识是不能抛弃的。奥杜邦和威尔逊的书极为宝贵，可以用来与自己的笔记进行比较，同时还具有非常高的参考价值。除了书本之外，你还可以对某些珍藏馆或者是博物馆进行参观，这也会让你对鸟类学的研究有极大的帮助。最开始的时候，你会发现通过文字的描述来识别一种鸟是非常困难的，但是给你看一个剥制的鸟类标本，或者是参照一副彩色的插图，问题就会迎刃而解。这就是书籍存在的价值。如果用海上航行来比喻，书籍就像是海图，图上已经将航线明确地标出来,这样一目了然,可以节省很多的精力和时间。如果你想对一种鸟类进行研究,首先就要找到你想要的鸟,仔细了解它的啼鸣声、生活习性以及飞行和栖息的地点;然后将其击落,最后与奥杜邦的描述进行比较,用不了多久,你就会发现,攻克鸟类王国并不是一件十分困难的事情。

鸟类学家对鸟类进行了仔细的划分,分为目、科、属、种等,这让很多读者感到十分困惑,并且因此而滋生出一种沮丧的情绪。但是对那些对鸟类感兴趣的人而言,只要简单地记住鸟类的基本分类,自己就能够认识很多种鸟,鸟类的特征也很容易就了解了。到现在为止,我们所熟悉的绝大多数的陆禽都属于绿鹃科、莺科、翔食雀科、鸫科或雀科鸣禽。

或许莺是最让人困惑的森林之鸟。他们是森林中的宝物。属于真正的林禽。他们体形小巧,具有非常活泼的性格,啼鸣声非常微弱,因此很难被人找到。当人们从树林中穿过的时候,他们的啁啾声就隐隐约约地从头顶的树枝上传来,那声音极为悦耳。在大多数情况下,这都是林莺的啼鸣声。在美国的东部和中部几乎所有的地方都可以找到六七个种类的莺,例如马里兰黄喉林莺、橙尾鸲莺、黄林莺(不是黑翅、黑冠、黑尾的普通金翅雀)、黑白爬行莺、冠森莺等。在不同特性的地方与林区,或许还会有其他种类。在铁杉林或松树林中,某一种莺或许会占较大的优势;而在橡树林或枫树林,再或者是一些山区,占优势的又会是另外一种莺。地莺还能细分为好几个种类,例如比较常见的有黄腹地莺、马里兰黄喉林莺和哀地莺。他们经常活动的地方是潮湿、低矮、浓密或半开阔的林中的地面以及靠近地面的地方。黄林莺和夏金翅雀根本算不上是森林中的鸟,因为他们经常活动的地方是公园、果园、溪畔以及村庄和城市的树丛中。

我们一直向北走,所见到的莺的种类也越来越多。6月时,在新英格兰地区的北部和加拿大你可以发现多达10或20种的莺,这时候正是他们繁殖的季节。奥杜邦在拉布拉多发现了正在繁殖的白颊林莺,他是第一个发现其鸟巢的白人,为此,他感到非常自豪。这些莺在5月间会飞过北部,他们有的成双成对结伴而行,有的则孤身前往,他们黑色的冠与带有斑纹的羽毛看起来格外明显。等到9月的时候,他们开始回归,这时队伍已经壮大,有的三三两两结伴而行,有的成群结队飞行。他们体态肥胖,外衣已经换成了带有斑纹的或灰色的样子。他们在树顶上四处搜寻,稍不留神,动作敏捷的他们就飞走了。

据我观察,居住在中部地区的人们总是能够看见,莺从北部回归的时候比起从南部向北迁徙时的种类要少很多。

黄腰林莺是秋季各种莺科鸣禽中最引人关注的鸟。他们经常出现在花园和街道中,尤其对一些掉光叶子或者是叶子已经干枯的树木十分青睐。他们不停地飞来飞去，发出阵阵尖叫，似乎有些不怀好意。整个冬季，我都能够在华盛顿的近郊看到他们。

奥杜邦指出并描述的莺科鸣禽有 40 多种。近来，莺科鸣禽被更多的作者进行细分，因为被赋予了新的种类和名称。但是这一部分只对职业鸟类学家有较大的价值，其他人并不会非常感兴趣。

在我看来，林禽中啼鸣声最为动听的莫过于黑喉林莺，他的鸣叫声清亮悦耳，但遗憾的是声音很短促。

白眉食虫莺是莺科鸣禽中比较罕见的种类，据说现在正处于逐渐消失的趋势中；相传在尼亚加拉河一带还生活着很多深蓝色的林莺；我发现，哀地莺繁殖的区域是纽约州的特拉华河上游一带。

红眼绿鹃也被人称作小绿鸟。他同时具有莺与翔食雀的特征，是一种介于两者之间的鸟类。

红眼绿鹃的啼鸣声十分悦耳，在我们的果园和树林中，他的歌声是最欢乐、最持久的，或许他还是这里最重要的、数量最多的鸟类。与莺相比，绿鹃的体形要稍微大一些，但是其羽毛的颜色种类和靓丽程度却不能与莺相提并论。

在我们这里大多数的树林中，绿鹃有 5 种，即白眼绿鹃、歌绿鹃、红眼绿鹃、孤绿鹃以及黄喉绿鹃,其中数量最多的是红眼绿鹃与歌绿鹃,歌声最为活泼的是白眼绿鹃。后者我们只有在浓密阴郁、潮湿的灌木丛中才能够看见。在那里,他们不用考虑太多,可以尽情地歌唱,音调又高又急,吐音也十分清晰,实在让人震惊。他的曲子非常独特,尽管中间部分有其他鸟类的啼鸣声插入,但是仍然非常独特。就好像红眼绿鹃的虹膜是红色的一样,白眼绿鹃的虹膜是白色的,但是二者虹膜颜色的不同在两三米之外的距离却是无法被观察到的。在大多数情况下,鸟类的虹膜是深褐色的,但是却经常被人们看成是黑色。

秋天来临,树叶开始凋落的时候,树林中低矮枝头上悬挂的鸟巢就露了出来,像篮子一样,几乎所有路过的人都能够看见,这些鸟巢,大多是红眼绿鹃的巢。尽管从外形上来看,孤绿鹃的巢与它比较相似,但是孤绿鹃的巢址要更加偏远和隐蔽一些。

当你向鸟巢靠近的时候,很多鸟儿都会表现出痛苦和慌张的表情,甚至会十分愤怒;但是红眼绿鹃面对这样的状况却有着十分例外的表现。小鸟的父母在巢上方的枝头上移动着,看起来十分平静,眼神中充满了好奇与天真,他们就这样看着入侵者,偶尔还会发出一声低沉的悲叹和啼鸣。尽管你能够从他们的神态中看出不安与警惕,但是他们却并没有表现出痛苦与愤怒。

禽鸟和兽类的情况是一样的,通常被捉都是在打盹儿的时候。但是我记得在秋季的某一天,我遇到过一只红眼绿鹃,他具有非常明显的特征,但凡从他身边经过的人都不会看错。尽管他已经发育很好,但是他仍然是一只幼鸟,我看到他的时候,他正在那片石南丛生的荒野上的一根低矮的树枝上休息。他把头蜷在羽翼下,舒适极了,完全不顾周围的一切,如果这时候有一只鹰飞过来,他必定会成为鹰的猎物。我蹑手蹑脚地向他靠近,然后在距离他几英尺的地方停下来,发现他的呼吸要比人类的呼吸力度更强、更快。事实上,鸟的肺活量在各种生物中是最大的,体温和血压也要更高一些。当我把手伸过去,将这只正在酣睡的鸟儿抓在手里的时候,他被突如其来的慌乱和恐惧吓瘫了。紧接着他开始挣扎、惨叫,我赶紧将他放开,于是他急匆匆地躲进了附近的灌木丛中。我再也不会像这一次一样让他担惊受怕了。

　　与绿鹃的数量相比,翔食雀的数量要多一些,并且其特征也十分明显。他们的啼鸣声并不好听,因此有些作者将它归属为尖叫。他们具有非常好斗的秉性,不仅自己内部争吵不断,甚至还同周围的邻居互相争吵。食蜂鹟是一种性情十分残暴的翔食雀,他大概也属于这一类吧。

　　常见的绿霸鹟也就是东绿霸鹟总能激起人们最美好的情

绪，或是因为其用苔藓铺就的精致的巢，或是因为其婉转的声音。

菲比霸鹟是翔食雀中的先驱，他往往最早飞回我们北方地区，时间通常是在 4 月份或者是在更早的 3 月份。他出现在房子或者是其他建筑物周围，看起来同人类十分亲切。他的巢址经常会选在桥梁下或者是干草棚下。

翔食雀在飞翔中遇到自己的猎物时，总是会突然间来一个猛冲或者是一个俯冲的动作一下子将猎物擒获。他捕食的时候，我们经常会听到他嘴里突然发出"啪"的一个声响。

在我们附近的这些鸟类中，无论是从体形上还是颜色上来说，翔食雀都不是最漂亮的。他们头大、颈短、腿短，嘴巴又扁又宽，基部还长着刚毛。在飞翔的时候，他们的翅膀会奇怪地震颤着，即使是在休息的时候，他们中有一些家伙也在不停地摆弄着尾巴。

在美国已经发现的翔食雀有 19 种。在东部或中部地区，夏季时，你不经意间就能看到大约 5 种翔食雀，即菲比霸鹟、西林绿霸鹟、极乐鸟、大冠翔食雀（他与其他鸟类的区别之处在于尾翼上的亮褐色）以及小绿冠翔食雀。

鹟科鸣禽的啼鸣声是多么悦耳动听呀！他们带给人们的乐趣比所有的鸟类都多。我们最熟悉的例子就是知更鸟。他们的飞行、神态以及体形与其他的鸟类差不多,看着知更鸟来回在地面上蹦蹦跳跳,搔首弄姿到处寻找虫子,盯着前面某一个物体或者是正在观望他的人们看,充满猜疑地拍打翅膀,一直飞向他栖息的地方,或者是在傍晚时分,栖息在一根高高的树枝上,欢唱着朴实悦耳的曲子,你大概就可以对鸫科鸣禽的基本特征有一个清晰的了解。他们因为优雅的举止和悦耳的鸣啾而出类拔萃。

知更鸟绝对不属于林禽。除了知更鸟以外,在纽约州还有棕林鸫、绿背鸫、隐居鸫、棕色夜鸫以及一两种只是路过此地暂时居住,因此还没有确切命名的鸟类吧。

在这众多的鸫科鸣禽中,歌声最动听的要数隐居鸫和棕林鸫,如果非要在二者之间做一个比较,那是一件非常困难的事。到现在为止,针对这个问题人们也没有达成统一的共识。

在雀形目所属的各种雀科鸣禽中,奥杜邦描述的雀有 60 多种。从麻雀到蜡嘴雀,他都进行了仔细的描述,甚至还包括了紫朱雀、鸦类、雪雀、红衣主教雀和交嘴雀。

在我们美国东部大西洋沿岸各州,雀的种类大约有十来个,但是对于那些非职业的观鸟者来说,他能够分辨清楚的种类大约不足其中的二分之一。孩子们都知道最早飞来的雀是歌雀,因为最早听到的也是他的声音。一个阳光明媚的 3 月早晨,什么能够让人感到愉悦和清新呢？那一定是从花园的栅栏或者附近的树篱上传来的这第一声质朴的乐曲。

在我们的草原以及高原，生活着很多原野春雀或黄昏雀，他也被人叫作草雀及栗翅雀。这种鸟比歌雀的体形要稍微大一些，羽毛也是淡灰色的，啼鸣声十分悦耳。他常常会将巢筑在地面上，上面不加任何的防护或者是掩盖之物，同时他还栖息在这里。傍晚时分，我在原野中漫步的时候，总会在不经意间就惊扰到他们。白天他们受到惊吓时，就会以非常快的速度逃走，这时尾翼上的两根白色羽茎就露了出来。从乡间小路上路过的人们经常会惊扰到他们，他们的羽翼会沾满尘土，或者沿着篱笆小心翼翼地躲闪，然后轻轻地飞过。在拉犁的牲口前的田地上，他们总是来回跑着，或者栖息在几十米之外的石头上。他们尤其喜欢在太阳落山以后啼鸣，或许他们的名字就是由此而来，当代作家威尔逊·弗拉格叫他们黄昏雀实在是再贴切不过了。

在低洼的湿地或者是草地中可以看见疏林草原雀，我们想要识别他的方法就是凭借他那悦耳的啼鸣声，简直像虫鸣一般。在沼泽中会有沼泽雀。

秋季，在北方繁殖的狐雀会来到这里，在雀科鸣禽中，他的体形是最大的，外表也是最漂亮的。同样飞到这里的还有加拿大雀(树雀)、白冠雀以及白喉雀。

棕顶雀鹀，又被人们称作红头褐翅雀鹀或毛鸟，它是雀科鸣禽中体形最小的一种，而且在我看来，他是唯一一种在树上筑巢的雀。

同为雀形目，雀的特征大致都比较相似，他们都有圆锥形的短喙，尾翼有一些分叉。然而在各种音乐才能上，紫朱雀都是位于榜首的。

除了上面我概述的大家相对较熟悉的鸟类之外，还有很多其他种类的鸟。尽管他们的品种有限，但是我所喜欢和熟悉的鸣禽很多都包括在其中。例如食米鸟并没有同类。南部各州著名的嘲鸫，其所属在东海岸各州的代表只有两个，即灰嘲鸫和长尾地鸫，也被人们称作褐弯嘴嘲鸫。

在鸟类分科中，鹪鹩属于庞大而有趣的一科，作为鸣禽，他因为自己活泼而欢快的鸣啾声而闻名。比较常见的种类有很多，例如沼泽鹪鹩、莺鹪鹩、冬鹪鹩以及达卡罗来纳鹪鹩，而冬鹪鹩的名字就可能是由于他在北方繁殖而得来的。他看起来给人一种赏心悦目的感觉，而他歌唱的每一个音符节奏都格外轻快，并且还带有森林的韵律与甜美，就好像一支音调优美的警笛中发出来的声音。

鹪鹩是威尔逊口中对戴菊鸟的称呼，然而，除了红冠戴菊鸟的歌声和上述鹪鹩的歌声一样充满热情以外，他们几乎没有什么其他的依据可以被归纳到鹟鹩的行列中。布鲁尔博士曾经在新不伦瑞克森林中陶醉于这些小歌手的声音,他原以为,他发现的那支曲子来自白颊林莺。对于一只这样小的戴菊鸟能够发出如此洪亮的声音,他似乎有一点怀疑。或许那支曲子的确是冬鹩鹩的歌声,不过据我观察,我认为红冠戴菊鸟完全是有能力完成这样的歌唱的。

不过我现在必须要进入另外一个主题了。在鸟类学的著作方面,尽管购买奥杜邦的著作需要极其昂贵的费用,常常使广大读者望而却步,但是从价值上来讲,它已经是目前最为详尽和精确的著作了。他所描绘的鸟类图谱不仅非常精确,而且还富有极大的神韵,从这一点来看,就远远地超越了其他的著述者。他在自己从事的工作中投入了巨大的精力和热情,这在科学史上很少有人能够与之相提并论。尤其是他对大雁进行描述的那一个章节,简直就像诗一样优美,使得人们无暇去关注他那言辞冗赘的文体,而被他真诚的热情和单纯的目的所感染。

奥杜邦在识别鸟类方面具有非凡的才能,可以说独具慧眼,几乎没有人可以与之匹敌,但是在鸟类声音的识别上,却有很多人超越他。例如在鸟的啼叫与鸣啾方面,纳托尔的描述就要更加恰当,从而也更加让人信服。奥杜邦认为,路易斯安那水鸫与欧洲夜莺的歌声是相同的,因为他听到过这两种鸟的鸣叫声,所以人们相信他的判断，然而事实上，他却高估了前者的能力，同时也低估了后者的能力。二者的歌声相比较，路易斯安那水鸫的歌声比欧洲夜莺的歌声简短，音质更活泼欢快；而如果按照书本上所描写的，欧洲夜莺的歌声应该是和谐而优美的。除此之外，他还说蓝色蜡嘴雀和食米鸟的鸣啾声比较相似，而实际上，二者之间歌声的相似程度就好像外衣的颜色相似程度一样。前者的色彩是黑白相间，而后者的色彩则是蓝色的。他这样描述林鹬鸽的歌声："开始是简短而强劲的啼鸣，然后缓缓地降低。"但事实上，这种鸟的鸣叫是缓缓地升高并非降低，开始是低音，最后用尖声结尾。

　　然而奥杜邦的著作实在是让人震惊叹服，因为其篇幅很大，而且几乎没有什么错误出现。我现在唯一能记起的他所观察的情况与我证实的情况相左的一例是关于食米鸟的描述。他强调食米鸟在秋季从北方返回南部的时候，并不会像向北方迁徙时那样选择在夜间飞行。然而我分明在华盛顿连续四个秋季听到食米鸟从夜空中飞过发出的啼鸣声。可以说奥杜邦漫长的一生都奉献给了鸟类学研究，他描绘和描述的鸟有 400 多种，因此当你在普通的林中发现一种他的著作上并没有描绘的鸟类时，便会自然地产生一种真正的成就感。而我只发现了两种这样的鸟。早秋时节的一天，我在西点军校附近的林中散步，不经意间将栖息在地面上的一只鸫科鸣禽惊动起来。他飞起之后,又落在了几米之外的一段树枝上,从外形上看,这是一种我从来没有见过的鸫。他的腿长得让我惊讶。我用手中的枪将他打了下来,发现他的面孔我之前确实没有见过,他的独特之处就在于他的尾翼宽大并且平直;腿非常长,从中趾的末端到髋关节的长度大约有 3.75 英寸;他的身体分为两个部分的颜色,上半部为分布均匀的黄绿色,下半部为灰色。后来我证实这种鸟就是灰颊鸫。这种鸟是由我们美国博物学家贝尔德教授命名的,并且他对这种鸟做了最初的描述。但是人们对这种鸫知道得极少,只知道他在遥远的北方繁殖,甚至远到在北极的海岸。如果想要听到他的歌声,那恐怕要经过长途跋涉才能够实现。

在当下的时节,我在华盛顿附近遇到了一对上面所提及的灰颊鸫。从体形上看,这种鸟与棕林鸫比较相近,但是比棕色夜鸫或隐居鸫要大一些。与其他种类的不同之处在于,他的羽毛没有任何一部分是黄色或黄褐色的。另一种鸟是小水鸫或黄眉鸫,他的亲属关系非常复杂,是灶莺的堂兄弟,和水鹨鸫或路易斯安那水鸫是异母兄弟。我发现他的地方是在特拉华河源头处,很明显他在那里有一个巢。通常情况下,他在更北一点的地方繁殖。这种鸟的啼叫声非常特别,是一种高亢又清亮的鸣啭,让人立马就想到他的同类的歌声。尽管他好像已经被很多的人所认识，但是我从目前所看到的书籍中并没有找到关于这种鸟的任何描述。

近些年来，作者和考察者们又有了很多的新发现，他们在奥杜邦所发现的鸟类条目上又添加了 300 多个新的品种，其中很多都来自新大陆北部以及西部。奥杜邦的观察范围有限，仅仅局限在东部大西洋沿岸的各州和濒临墨西哥湾各州以及附近的一些岛屿，因此他对于美国西部或者是太平洋沿岸的鸟类没有很多的了解，只是他的著作中简单地提了一下这些鸟类。

顺便说一下，有一点不同寻常的是在西部地区有好多种鸟与东部鸟儿极为相似，简直就是其复刻版。比如，西部的红翅啄木鸟在东部被叫作金翼啄木鸟，二者的不同之处在于红翅啄木鸟的羽毛是红色的而并不是金色的；西部的杂色鸫在东部被叫作知更鸟，二者的不同之处只在羽毛上的斑点。另外还有西部红眼雀、西部山雀、西部蓝鸲、西部冠蓝鸦、西部歌雀、西部松鸡、鸡鹰、鹌鹑等。

我在达科他平原上所遇见的一种云雀，似乎在众多的西部鸟类中最引人注目。他具有很强的飞行能力，可以飞到距离地面三四百英尺的高度，在那里开始他的歌唱，不断地向下播撒着动听的音符。很明显，他与我们东部的几种鸟类有着很大的亲缘关系。9 月的一天，有一位通信者从乡间给我写信："我最近在这里观察到一种新的鸟类。他们不仅在地面上栖息,同时还会飞落在篱笆或者建筑物上。他们属于走禽。"几天后他就得到了这样的一只鸟,并且将皮毛剥下来寄给我。正如我所料,这是一种黄腹鹨,或者又被人们称作雀百灵。他的体形瘦长,和一只雀的大小比较相似,羽毛为褐色,在春季和秋季往返于北方的繁殖地点时会从美国飞越过去。他们经常是三五成群或者是三三两两地出现,在耕过的地里或者是河畔寻找食物。他们的尾翼中有两三根白色的羽茎,当他们起飞的时候,就会显露出来,这一点与黄昏雀比较相似。他们在天空飞翔的时候,每过十几米的距离就会发现一声尖叫或者啼鸣。他们繁衍生息的地点是在拉布拉多半岛一些荒凉的、布满苔藓的岩石中。有相关的报道称,在东北部的佛蒙特州一带已经发现了他们所产的蛋,并且可以十分肯定地说,我 8 月份时在阿迪朗达克山脉见到过这种鸟。雄鸟振翅高飞,有着各种百灵鸟的姿态,一下就可以冲向空中,发出非常简短但是却十分动听的鸣啾声,他们是走禽,这是我们陆禽的一个特征,尽管为数不多。到目前为止,多数陆禽前进的方式都是跳跃式的。如果留意一下雪鸦行走的足迹,你就会发现,它的脚印与披肩鸟或短嘴鸦不同,并不是一只在前、一只在后,而是双脚并行。鸫、啄木鸟、莺、雀以及鸦等种类的鸟都是跳跃前行者。然而,所有的半水栖的鸟类和水禽都是走禽。

矶鹬、鹬和鸽都具有很快的奔跑速度。在地鸟中,鸽子、鹌鹑、百灵、松鸡以及各种黑鹂都行走。虽然燕子也属于走禽,但是他们一旦使用双脚走路,看起来就十分笨拙。百灵走路的姿态优美,十分自如。草地鹨整天在草地上阔步行走,完全一副趾高气扬的气势。

除了走禽以外,百灵及其所有的亲属鸟类都能够在飞翔的时候啼鸣。通常他们会拍扇着翅膀翱翔着,在空中盘旋或者是悬停下来。在季节的初期,草地鹨偶尔也会有这样的情况,只是这个时候他的声音会有所变化,由之前悠扬的哨声或鸣啭变成浑厚、充满情谊的颤音。

上述两种鸟的特征,食米鸟也同样具有,尽管他在体格和体形上与二者都有很大的差别。除此之外,他还很容易让人联想到在很多书籍上都有描述的英国云雀,毫无疑问,作为一种鸣禽,他完全可以和英国云雀相提并论。

在密西西比河以东一带,我们的小林禽有三个种类,并且他们之间都具有非常密切的关系。三者我都曾在前文中有所提及,他们都是走禽,在飞行的过程中偶尔也会啼鸣,他们就是灶莺或林鹨鸽以及两个种类的水鹨或水鹨鸽。林鹨鸽是比较常见的鸟,其流畅自如的步姿几乎不会被观鸟者所错过。他还具有百灵的另一个特征,那就是在空中飞行时,总是不断地鸣啾,但是似乎其他的博物学家并没有观察到这一特征。这个特征确实得到了确认。无论是谁,只要 6 月份的每一个下午或者是傍晚,来到这种鸟儿频繁活动的树林,并且停留半个小时,就能证实这一特征的存在。我常常会在日落之后听到他的鸣叫,但对于到底是哪一位优秀的歌手在空中演唱却很难分辨。我知道有一个光秃秃的山顶,等到傍晚时分,我就坐在这山顶上,聆听他们片刻也不曾停歇的鸣啭。有时候,鸟儿会从我的下方低低地飞过,有时也会在附近停留,但是他更喜欢在离山顶 100 英尺的上方盘旋着。他活跃极了,从山一侧空阔地带的树丛中飞起来,飞到最高的地方,然后向山的另一侧俯冲而下。就在停止鸣叫以后,他迅速地向下降落,像极了从空中飞扑而下,陡然落在地面上的小百灵的动作。

几年前,我首次证实了这一个观察结果。这种鸟的歌声对于我来说已经是非常熟悉了,但是对于创作这支曲子的歌手我还是充满了好奇心。那是一个傍晚,树枝刚刚开始长出新的嫩芽,我在林中悠闲地散步。这时候,在离我十几米远的地方我看到了这种鸟中的一只。我正在自言自语地说着:"来吧,如果是你,你就赶紧过来炫一下吧,我此行的目的可就是你。"就在这个时候,他突然飞起来了,蹦跳着穿过了繁茂的树枝,飞了上去,发出几声啁啾声,非常尖锐。我随着他的身影看去,眼看着他飞上天空,在树林的上方盘旋着,然后俯冲而下,在树丛中潜藏下来,几乎落在他之前栖息的那根枝条上。

鸟的一生中最重要的问题就是食物的问题。每当早春时节,食物短缺,这对鸟类邻居来说可谓是最严重的问题。储存在鸟类体内的每一点脂肪都消耗殆尽,然而突然的天气变化、恶劣的环境不断地挑战着鸟类的生命。毫无疑问,饥饿和酷寒的气候很容易导致很多鸟的死亡。3月的一天,我遇到一群加拿大雀,他们的数目已经很明显地减少,其中有一只身体已经极度虚弱,以至于我很轻松地就把他抓在了我的手里。

3月的第一个星期,蓝鸲在一阵严寒的逼迫下到农舍以及附属的厩、棚附近去寻找藏身的地方。夜幕降临以后,风更加剧烈,气温也更低,这时他们好像充满了不安与恐惧,于是就开始在城市的边缘寻找更好的藏身之所。他们在门窗附近徘徊,在百叶窗后面躲藏,紧贴着排水沟以及屋檐下,从这边的门廊飞到那边的门廊,从一所房子飞到另外一所房子,不断地寻找能够躲避严寒的地方,但是一切努力也都是徒劳。街头上有一个水泵,正好在把手处有一个小洞,于是这个水泵就成了他们救命稻草似的避难所。他们丝毫抵御不了这个小洞的诱惑。但是对于这里的不安全他们丝毫没有意识到,就在他们刚刚把自己塞进那个水泵的时候,也就是刚刚进去 6 只或者是 8 只时,他们好像意识到了危险的临近，于是急匆匆地从里面钻了出来。那些蓝色和褐色相间的鸟儿一次次将这个小洞填满，又一次次地将这个小洞空置出来。眼下，他们比平时逗留了更长的时间，于是我突然伸出手去，将3只在这个温暖的小洞中过夜的鸟儿捉到了手中。

在秋季，所有的鸟和飞禽都开始变得肥胖起来。老鼠和松鼠也已经在他们的洞穴中储藏了大量的过冬食物。但是鸟类，尤其是留在北方过冬季的鸟类，他们不会像鼠类一样储藏食物，只是以脂肪的形式在自身的机体中携带等量的粮食。12 月的一天，我将一只赤肩鹰击落，剥皮的时候我发现这只鸟被一层厚达 0.25 英寸的脂肪严严实实地包裹着，一点肌肉都不曾裸露出来。这层脂肪对于这只鸟过冬有着非常重要的作用，它不仅能够帮助鸟儿抵御严寒，同时还能在粮食匮乏的时候提供给鸟儿生存以及活动所需要的能量。

在这个季节中，短嘴鸦也有着相同的境遇。根据估算，一只短嘴鸦每天需要半磅肉来满足活动所需的各种能量，但是在春季和冬季，他们不得不连续几个星期或几个月依靠比平时要少很多的食物来维持生命。如果有人说一只短嘴鸦或鹰在秋季即使一口食物不吃也能活上两个星期，那我是完全相信的。一只家禽也具有相同的状况。1 月份的一天，我不小心将一只母鸡关进了一个棚子里,这是一个一丁点儿食物都找不到的棚子,同时也不能给她提供任何御寒的设施。然而就在 18 天以后,这只可怜的家伙被发现了,她没有饿死,尽管瘦了很多,但是依然活泼轻快,就像一小团羽毛似的,即使轻轻的一阵风也能将她吹走。后来经过精心的喂养,她很快又恢复到了以前的模样。

　　鸟类对人类的害怕很多时候被看作是鸟儿的一种本能,但事实上,这是后天形成的一个特点,这一本能并不是原始自然状态下所固有的。寒冷逼迫蓝鸲变得更加胆大的情形就是对这一观点最好的说明。每一个猎人都非常懊恼地感觉到,在连续打了几天鸽子以后,那些鸽子就很难再接近了。但是让人高兴的是在那些新的或者是人们不经常去的林子中,接近猎物又是多么容易的一件事情。贝尔德教授跟我说,他们的一位通讯员曾经去太平洋的一个小岛上采集标本。那个小岛的位置在距离圣卢卡斯角大约 200 英里外的地方。这个小岛很小,方圆也就几英里,有人来访的次数也就大约五六次。博物学家有一个新的发现,那些水禽和鸟类都非常听话,根本不需要用弹药来打他们。他在一根长棍的末端打了一个套索,然后把套索套在他们的脖子上,轻轻一拉,这些鸟儿就被拉过来,捉住了。有时候,甚至连这简单的装备也不需要。尤其是有一种嘲鸫,他的体形比我们所在地区的嘲鸫要大一些,他歌唱的声音十分动听。他丝毫不会认生,甚至还是一个让人非常讨厌的家伙。标本收集者写字的时候,他就在桌子前跳来跳去,把纸和笔全部洒落在地上。收集者在那个小岛上有很大的收获,总共收集到了18种标本,其中有12种是这个岛上所独有的。

梭罗说过,在缅因森林,有时候加拿大鸦会和伐木工一起用餐,甚至还会从人们的手中直接夺取食物。

尽管如今人类已经成为鸟类眼中的公敌,但是从总体上来说,人类的文明发展对鸟类的繁衍和增长还是有利的,尤其是对于那些比较小的种类来说,好处更加明显。与人们一起来到的还有飞蛾与蝇类,以及各种各样的昆虫。他们引进新的种子和植物,在开垦的土地上种植、播种下去,为鸟类提供了大量的食物。

从北方飞到我们这里的百灵鸟与雪鹀在欧洲基本上要靠植物的种子和草的种子维持生命;在我们那边最常见的、数量最多的鸟类中,田野中的鸟占有相当大的比例,他们就生活在田野中,对茂密的森林一无所知。

在欧洲,很多鸟类都已经被驯化,看起来就好像是家雀一般;在我们的国家,崖燕的特征已经有了很大的改变,他不再将巢筑在斜岩与岩壁上,而是在屋檐与农舍及其附属的棚厩凸起的地方筑巢。

　　大多数的陆禽人们已经认识，接下来，我们要认识的还有海岸及其宝藏。即使人们已经仔细地阅读了该领域最权威的著作，他们对水禽的了解也还是少之又少。这一点我在最近发生的一件事情上深有体会。当时，我正在纽约州的内陆度假。有一天，一个陌生人在我的房子前面停下来。那时候，我正在门口坐着，他向我走来，手里拿着一个雪茄烟盒。我刚想对他说不要向我推销他的雪茄烟，因为我没有抽烟的习惯。正在这时，他对我说听说我对鸟类有很多了解，于是带来一只鸟让我看看，这只鸟是他在几小时以前从村庄附近的一片干草地上捡到的，附近的人没有一个认识的。我原本以为，当他打开盒子的时候我会看到一只非常稀罕的鸟类，也许是波西米亚雀，也许是玫胸蜡嘴雀。可以想象一下，当我在打开的盒子中看见一只体形与燕子非常接近的鸟时是怎样的吃惊。从体形上看，他和鸽子一样大，尾翼分叉，上半身的羽毛乌黑，具有非常亮的光泽，下半生的羽毛十分洁白，好像雪一样。等到看见他那修长而优雅的翅膀和那一双半蹼足的时候，我就知道这是一种海鸟；至于它的名字和特性我并不知道，只能在查阅安杜邦的鸟类图谱或者其他人的收藏集之后才能给出非常明确的答案。

　　这只鸟之所以会掉落在干草地上，是因为他已经飞得筋疲力尽了，就在他刚刚被捡起来的时候才咽下最后一口气。那个

269

地方与鸟儿飞行的海洋之间的距离大约有 150 英里。他叫乌燕鸥,栖息在佛罗里达群岛,他为什么会出现在这遥远的北方,在如此遥远的内陆地区,实在让人难以想象。我在给他剥皮的时候发现,他已经非常瘦了。毫无疑问,他是饿死的,飞行的距离太远从而将体能全部耗尽了。他又是一位伊卡洛斯①。他具有强大的飞行能力,因此在任何情况下都无所畏惧,始终保持勇敢,但是最后却因为飞行超过了自己的能力范围,还没有来得及返回就先饿死在中途了。

无论从体形还是飞行能力上来看,乌燕鸥与海燕都很像,因此有时候他也会被人们称作海燕。他飞行能力特别强,有时候甚至会在海面上飞行整整一天的时间,以便从海面上获取更多的食物。燕鸥有好几个种类,其中有几种格外美丽。

---

① 代达洛斯之子,用父亲做的蜡制飞行翼飞向天空,但因飞得太高,蜡被太阳融化而落水丧生。